神秘莫测的气象

云波魅影

姜永育 著

河北出版传媒集团 河北少年儿童出版社

图书在版编目 (CIP) 数据

云波魅影 / 姜永育著 . — 石家庄 ： 河北少年儿童
出版社， 2022.7
（神秘莫测的气象）
ISBN 978-7-5595-4916-7

Ⅰ．①云… Ⅱ．①姜… Ⅲ．①气象学－儿童读物
Ⅳ．① P4-49

中国版本图书馆 CIP 数据核字 (2022) 第 052558 号

神秘莫测的气象

云波魅影 YUNBO MEIYING

姜永育　著

策　　划	段建军　翁永良　赵玲玲			
责任编辑	赵　正　高凯源		特约编辑	姚　敬
美术编辑	牛亚卓		装帧设计	杨　元

出　　版　河北出版传媒集团　河北少年儿童出版社
　　　　　（石家庄市桥西区普惠路 6 号　邮政编码：050020）
发　　行　全国新华书店
印　　刷　鸿博睿特（天津）印刷科技有限公司
开　　本　787 mm×1 092 mm　1/16
印　　张　8.25
版　　次　2022 年 7 月第 1 版
印　　次　2022 年 7 月第 1 次印刷
书　　号　ISBN 978-7-5595-4916-7
定　　价　28.00 元

序言

　　翻开姜永育撰写的"神秘莫测的气象"系列丛书，眼前不由一亮。这是一套值得称赞的好书！

　　在津津有味的阅读中，一个个与气象有关的奇异、费解之谜，在作者的娓娓讲述下，令人时而疑惑、时而紧张、时而畅快、时而大悟，阅读者被极大地刺激着好奇心和探索揭秘欲望，不忍释卷。

　　气象是大气物理状态与物理现象的统称。神秘莫测的气象，从远古时代就影响着人们的生产和生活。时至今日，千变万化的气象现象仍然充满了神秘、诡异的色彩。

　　这套书不但系统讲述了风、云、雨、雪、霜、露、虹、晕、闪电、雷、雾霾等气象的基础知识，而且揭开了许多与气象有关的奇异之谜。如《揭开阴阳云的奥秘》《"魔鬼雨"只在天上飘》《神秘的猎塔湖"水怪"》《晴空霹雳》《大海"沸腾"之谜》《神秘的飞碟云》《罕见的"六月雪"》等篇章，作者在写作中讲故事、引传说，再用科学理论解释的方式逐一揭开谜底，既满足了人们的探秘渴求，又最大限度地传播了气象科学知识，十分适合广大小读者阅读。

　　纵观这套书，有四个鲜明的特点：

　　第一，书中蕴含的科学知识非常丰富，且具有很强的权威性。作者是一名有近三十年气象工作经历的资深气象研究者，先后当过气象观测员、天气预报员、气象新闻记者、气象科普管理者，其气象理论和实践知识过硬，且在业内享有很高的声誉。

第二，写作手法别具一格，将气象知识普及和探索揭秘相结合，引人入胜。作者长期写悬疑推理小说，他把此写作手法也运用到了这套书的撰写中，开篇设置悬念，然后像层层剥开春笋一般，慢慢揭开谜底，令人拍案叫绝。

比如《千年古井"呼风唤雨"》一文中，开篇描写千年古井"常年被石板盖着，'板揭即雨，板盖雨停'，人们为了免遭雨淋，轻易不敢揭开井盖"，然后写早期的县志记载和村民们的遭遇，接下来是关于古井的神话传说和一些猜测，最后是气象学家的科学解释，逐一揭开谜团。整篇文章可以说是一部微型悬疑推理小说，情节生动，环环相扣，给人阅读的乐趣和快感。

第三，防灾避险知识丰富，具有很强的教育意义。在如今全球气候变暖的大背景下，暴雨洪涝、高温、大风、雷电、雾霾、寒潮等气象灾害越来越频繁，这套书的出版可以说非常及时。书中包含了丰富的防灾避险知识，有些还是作者亲历灾害现场调查采访之后，归纳、总结出来的实践经验。作者曾到川西高山地区采访过频繁遭受雷灾的村子，也参与过暴雨洪涝、低温雨雪冰冻、高温干旱、大风、冰雹等气象灾害现场的调查，他掌握的第一手现场资料和相关防灾知识，对人们提高防灾避险能力大有裨益。

第四，文笔优美，雅俗共赏。这套书用通俗易懂的语言，解释深奥的科学知识，不妄加推断，有根有据，并配有大量生动形象的图片，直观展示各种气象现象。此外，书中引用了大量神话传说故事，表达了善良人们的美好愿望。可以说，这是一套有血、有肉、有骨、有情的科普丛书。

姜永育从 20 世纪 90 年代开始科普写作至今快三十年了。我相信，这套凝聚了他从事科普创作数十年的心血之作必将受到广大读者的喜爱！在此，我祝愿他在科普创作的路上取得更大的成绩！

董仁威

科普作家，四川省科普作家协会名誉理事长

目录

云的身世之谜

把目光投向天空，你会看到什么？毋庸置疑，你会看到形形色色的云。天上的云千变万化，形态万千。有时乌云密布，势如奔马；有时晴空湛蓝，白云朵朵；有时碧空如洗，万里无云……云难道也像齐天大圣孙悟空一样，会七十二般变化？

没错，云确实会变化，咱们一起来揭开云形成的秘密吧。

天空中形形色色的云

云的传说

关于天上的云是如何形成的，民间有许许多多的传说，最经典的有两个。

第一个传说，讲的是盘古开天辟地后，火神祝融和水神共工打起了架。俗话说"水火不相容"，他俩谁都不肯认输，一打起来便没完没了。有时候是共工占了上风，有时候是祝融赢了几招。打到最后终于分出了胜负——火神祝融成了胜利者。

水神共工败下阵后，气得几天不吃不喝。有一天他实在憋不住火气了，一头撞向了不周山。撑天的柱子轰然倒塌，好好的天突然出现了一个大洞，倾盆暴雨从洞中倾泻下来，在大地上造成了可怕的洪水。洪水势不可当，冲毁村庄，淹没庄稼，卷走人畜……

人间的苦难很快引起了女娲的注意。人类是女娲亲手造出来的，为了拯救人类，她决定锻造五彩石，把天上的窟窿补上。女娲把一块块五彩石锻造出来后，不辞辛苦地托举到天漏之处。漏洞一点儿一点儿被补上，女娲却累得筋疲力尽，她口里呼出的白气飘浮到空中，变成了一朵朵云彩，身上的汗水洒下来，变成了一阵阵小雨。当天被完全补上时，女娲耗尽精力，吐血而亡，那些鲜血喷溅到天空，把云彩染成了血红色，这就是我们早晚看到的云霞。

另一个传说，讲的也是神仙的故事。玉帝和很多神仙住在天上，过着悠闲的日子。那时的天上没有云，地上的凡人只要一抬头，就能看到神仙们在天宫里饮酒作乐。这样的日子过久了，玉帝和神仙们都有些不太自在，一是让凡人看到自己整天吃吃喝喝，有损神仙形象，二是太没神秘感了。玉帝思前想后，决定让自己的女儿织些东西把天宫遮挡起来。玉帝有七个心灵手巧的女儿，就是有名的七仙女。七仙女织出一匹匹彩色的锦缎，不仅把天宫遮蔽了起来，还把天空装点得绚丽多姿。这些锦缎就是我们看到的云彩。

云形成的秘密

那么，云是如何形成的呢？

要弄清这个问题，首先得知晓云的结构。天空中的云虽然看上去十分轻盈，但其实是由许多细小的水滴或冰晶构成的，有的则是由小水滴和小冰晶混合在一起构成的。有时候，云中还会包含一些较大的雨滴、冰粒、雪粒等。

气象学家告诉我们，一朵云从无形到有形，必须具备三个基本条件。

第一个条件：充足的水汽。

我们赖以生存的地球，是一个名副其实的大水球，它的表面积约为5亿平方千米，其中海洋面积就占了十分之七还多。这么大面积的水，在

太阳的照射和风的吹拂下，无时无刻不在蒸发。水蒸发就变成了水汽。据科学家估算，全年由海洋蒸发到大气中的水汽达数百万亿吨之多。这么多的水汽，为云的形成奠定了基础。

第二个条件：足够多的凝结核。

很多时候，我们看天空纯净湛蓝，一尘不染。其实，空气中悬浮着许多人类肉眼看不到的微小尘粒。这些尘粒包括烟尘、飞溅到空中的海水细沫、飘在空气中的盐粒及各种尘埃。你可能会问：这些尘粒是怎么飘上天的呢？告诉你吧，这其中的沙尘、花粉、细菌等是被风吹到空中的；火山灰是随着火山喷发的气流冲上空中的；宇宙尘埃是从太空进入大气层中的。你可别轻看这些尘粒，它们就像海绵一样，极易吸附水汽。大量尘粒飘浮在空中，不停地吸啊吸，是水汽凝结的核心，在气象学上，这些尘粒被称为凝结核。

第三个条件：冷却。

空气中的水汽要凝结成小水滴或凝华成小冰晶，必须在一定的温度下才行。低层大气的温度比较高，在这里水汽一般不会凝结或凝华。但随着高度增加，大气温度降低，又热又湿的水汽上升到一定高度时，就会因温度低而发生凝结或凝华现象：若高空的温度高于 0 ℃，水汽就凝结成小水滴；温度低于 0 ℃，则水汽会凝华为小冰晶；若温度正好是 0 ℃，则可能出现小水滴和小冰晶共存的现象。

小水滴和小冰晶像人类一样喜欢群居，形成后会集结在一起，当小

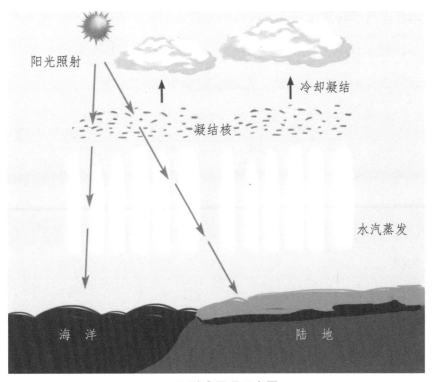

阳光照射

冷却凝结

凝结核

水汽蒸发

海 洋　　　　　陆 地

云形成原理示意图

水滴和小冰晶越来越多，并达到人的眼睛能辨认的程度时，云便诞生了。

气象学家告诉我们，平常我们看到的云之所以有颜色，是因为云中的分子能够反射和散射阳光中所有波长的电磁波，所以云的颜色通常呈灰白色。云的颜色也和云层的薄厚有关，云层比较薄时，阳光被均匀地散射开来，云就呈白色；云层较厚时，阳光几乎不能穿过云层照射下来，它们看起来就是灰色或黑色的了。对地球来说，云就像人类穿的外套一

样，具有保温和防晒作用：云吸收地面散发的热，再将其逆辐射回地面，从而帮助地球保温。同时，云还将一部分太阳光直接反射回太空，从而避免地球表面温度过高，所以云还具有防晒降温的作用。

云家族大揭秘

天上的云时刻都在变化，它们不但长相迥异，而且身材各异。可以说，这是一个人丁兴旺、热闹纷繁的大家族。

为了识别各种云，人类为这个庞大的家族编排了家谱。1929年，世界气象组织以英国科学家路克·何华特制定的分类法为基础，将云分为十大云属，这十大云属按云的高度划为三大族系：低云族、中云族、高云族。

下面，咱们就去一一认识云家族的各个成员吧!

脾气暴躁的低云族

低云族是指在平均高度2千米以下的大气中形成的云。相对于中云族和高云族来说，低云族的云脾气普遍比较火爆，打雷闪电、暴雨暴雪等气象主要是它们干的。低云族由五大家族构成，这些家族各自又有不同的家庭成员。

首先，让我们来认识低云族中的积云和积雨云这两个家族。

积云和积雨云的脾气比较暴躁，其中积云家族主要有三兄弟：淡积

云、碎积云和浓积云。由于云中的上升气流特别强，所以，积云和积雨云的底部可以从近地面的低空开始，一直延伸到高空。

积云和积雨云一般在夏天的午后形成，首先出场的是小兄弟淡积云，在它的身后，往往还跟着一个"小马仔"——碎积云。淡积云是一种扁平状的云，而碎积云则比较细碎、瘦小，它们都呈白色，出现时一般不会产生降水。淡积云出场后，如果上升气流一直持续，浓积云便登场了。浓积云身材臃肿，形似花椰菜，有时会产生阵性降水。随着气流的持续上升，积雨云也不甘落后地出现了，积雨云身材高大魁梧，远看像耸立的高山，云底阴暗混乱，起伏明显，有时呈悬球状，看上去十分恐怖。事实上，积雨云也确实是一种恐怖的云，它出现后，往往雷鸣电闪，大雨倾盆，有的时候还会下起冰雹，甚至还可能有龙卷风产生哩。

淡积云

碎积云

浓积云

积雨云

　　低云族的第三家族是层积云，这种云的特征是常成行、成群或成波状排列，云块个体都相当大，看上去像大海里的波浪。

　　层积云家族有五个兄弟，它们分别叫透光层积云、蔽光层积云、积

9

云性层积云、堡状层积云和荚状层积云。

低云族的第四家族叫层云。这种云呈灰色或灰白色，云层低而均匀，看上去有点儿像雾。别看它毫不起眼，有时也会降下毛毛雨或小雪来哩。

低云族的第五家族叫雨层云。一看名字就知道了，这是一种会下雨的云。这种云的脾气虽然不及积雨云火爆，但它又厚又均匀，把天空遮蔽得严严实实，一旦出现，一般会带来少则一日、多则数日的降水。

层 云

透光层积云

雨层云

性格温柔的中云族

中云族是指平均高度在 2 千米至 6 千米高空形成的云，这个云族性格相对比较温柔，一般不会下猛烈的雨。与低云族相比，中云族的成员比较简单，只有高积云和高层云两大家族。

先来说说高积云吧。说起来，高积云与低云族的层积云在形态上还有些相似，只不过，高积云的块头不如层积云大，所处的位置也更高一些。高积云轮廓分明，常呈扁圆状、瓦块状、鱼鳞状或水波状，并且成群、

透光高积云

成行、成波状排列。薄的高积云呈白色，厚的呈暗灰色。高积云家族的成员多达六个，即透光高积云、蔽光高积云、荚状高积云、积云性高积云、絮状高积云、堡状高积云。

再来看看中云族的高层云吧。高层云与低云族的雨层云一样，也是一种降雨的云层，实际上它们之间也有联系：有时候，雨层云变薄后高度抬升，便成了高层云。由于高层云的云层不如雨层云厚，所以它的降雨强度也远不如雨层云。从地面看上去，高层云仿佛一大片带有条纹的幕布，云层较薄的部分，可以看到昏暗不清的日月轮廓，好像隔了一层毛玻璃。高层云家族有两个成员：一个是蔽光高层云，它的颜色呈灰色，有时微带蓝色；另一个是透光高层云，它的颜色呈灰白色。

透光高层云

美丽多姿的高云族

高云族一般形成于平均高度 6 千米以上的高空，这个族系的云层一般都很轻盈，呈纤维状，多数透明，仿佛美丽的仙子翩翩起舞。

很多时候，高云族还会与太阳、月亮一起演绎精彩绝伦的光学游戏哩，这个咱们在后面会专门介绍。

现在来看看高云族都有哪些成员吧。

高云族中的第一家族叫卷云。顾名思义，卷云具有丝缕状的形态，柔丝般的光泽，它们有的像丝绦，有的像羽毛，有的像马尾，有的像钩子，有的像团簇……

卷云一般都呈白色，但在日出之前、日落以后，在阳光的照射下，它们常呈橙黄色或橙色。

卷云家族有四个美丽的成员：毛卷云、密卷云、钩卷云和伪卷云。

高云族的

毛卷云

钩卷云

第二家族叫卷层云。这是一种白色透明的云幕，阳光和月光穿过它们时，能在地面上形成影子，有时云幕上还能形成美丽的晕环。在中国的北方和西部高原地区，冬季的卷层云有时会降下少量的雪。卷层云家族有两个成员，薄幕卷层云和毛卷层云。

高云族的最后一个家族叫卷积云。卷积云是一种由鳞片状或细小球状云块组成的云片或云层，它们常常排列成

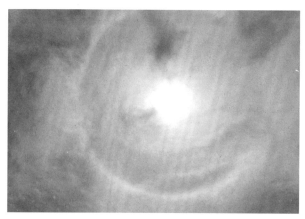

薄幕卷层云

14

行或成群，很像轻风吹过水面引起的小波纹。卷积云不仅和卷云、卷层云都有关系，一般也是由这两种云演变而来的。

卷积云

罕见的浪花云

前面介绍了云的诞生和云的家族，实际上，天空中还有不少怪云，它们通常在特定的地方或时间出现，而且转瞬即逝，给人一种神秘和奇异的感觉。

下面，咱们先来认识一种怪云——浪花云。

浪花云是自然界中的一个奇观，因为它们看上去像海岸边的巨大浪花，所以得名浪花云。它们引起人们的关注，是从 10 年前开始的。

2011 年 12 月的一天下午，美国亚拉巴马州伯明翰市天空阴沉，层积云就像一根根圆木排列在空中，给人一种压抑的感觉。云层较薄的地方，太阳探头探脑，把一小部分天空染成了橙黄色。

如同往日一样，大街上人来车往，热闹非凡。伯明翰市十分繁华，不管天气如何，人们都不会停下为工作和生活奔忙的脚步，这其中便包括一位叫露易丝的中年妇女。

露易丝是一名公司文员，这天下午，她请了假，开车带 5 岁的小女

16

罕见的浪花云

儿去医院打预防针。在一个亮起红灯的路口，她停下车等待，并漫不经心地向远处看，突然她惊讶地瞪大了眼睛。

只见前方天空中凭空涌起了一长串形状怪异的云，远远看去，好像一匹匹马在大地上驰骋，又仿佛巨大的海浪在空中翻滚，在天边的层积云的映衬下，这些"马"和"浪花"活灵活现。

浪花云既像奔马，又像浪花

"天啊！这些云真奇怪！"露易丝赶紧掏出手机，从车里伸出脑袋，对着前方天空拍起照来。与此同时，街道上的行人们也发现了怪云，大家一起把目光投向天空，纷纷拍下这些罕见的怪云。

17

不一会儿，这些"马"和"浪花"便消失不见了。在高空风的吹拂下，这些怪云被不停地拉长、拉细，逐渐变成长颈恐龙的模样。紧接着，"长颈恐龙"脖子的中间部分开始消失，身子也逐渐模糊，最后完全消失不见了。

前后不过几分钟，怪云便消逝得无影无踪，令人感到十分惊奇。

怀着忐忑不安的心情，伯明翰市民将拍摄的怪云照片发给了当地的气象站，气象工作人员看后，不知道这是什么云，因为当地从没出现过这种怪云。最后，还是当地赏云协会的成员揭开了这种云的庐山真面目。赏云协会的成员们收集了世界各地出现过的怪云图片，经过一番对比，大家认为这种既像马又像浪花的云其实是一种卷云，叫作浪花云。

卷云是高云族的一员，这种云很薄很纤细，能反射和捕捉热量，早晨太阳还没有升到地平线以上或傍晚太阳下山后，阳光照到这种孤悬高空而无云影的卷云上，经过散射，它们会呈现出漂亮的蚕丝般光泽。可是，外形美丽的卷云怎么会变成这种怪异的形状呢？

原来，这与卷云上下的气流有密切关系：卷云下方的气流较冷，上方气流则较暖，一般情况下，暖气流的移动速度快于冷气流，因而卷云总是呈现波动的形状。在适当的风速吹拂下，上方暖气流的波动快于下

方冷气流的波动，通俗地说，就是上方的气流跑得比下方快，这样，跑得快的气流就会把上部云体往前扯，从而形成了奇异的浪花云。

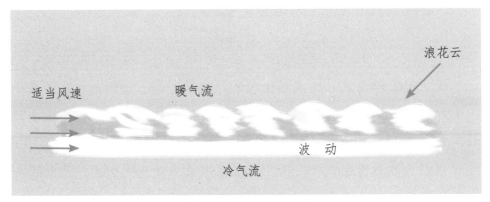

浪花云形成原理示意图

气象学家解释说，浪花云是一种十分罕见的卷云，由于冷暖气流时刻都在变化，所以它持续的时间很短，一般几分钟后就会消失。所以，能亲眼看到浪花云的人都是十分幸运的。

神奇的管状云

    天上的云都是成片或成层出现的，然而，有一种云却彻底颠覆了人们对云的认知：它像一根长长的管道，可延伸近千千米，看上去既壮观又神奇。

    这种云被称为管状云，由于一般在早晨或黄昏时出现，因此还有一个优雅的名字：晨暮之光。

管状云

晨暮之光震惊摄影师

2010年4月的一天清晨，一架小型飞机穿越云层，直向澳大利亚昆士兰州的伯克顿镇飞去。驾驶飞机的人名叫米克，他来自欧洲，是一名喜欢探险的摄影师。飞机上还坐着米克的两位同事：罗伊和斯密达。

昆士兰州位于澳大利亚大陆的东北部，东临太平洋，这里降雨量少，气候温暖，阳光明媚。伯克顿镇是昆士兰州的一个偏远小镇，但每年都有一些游客千里迢迢来到这里，想亲眼看到小镇上空出现的一种神奇景观：晨暮之光。米克他们的这次小镇之行，正是冲着晨暮之光来的。

飞机快速平稳地向伯克顿镇飞去。驾驶舱内，米克和两位同事的眼睛都紧紧盯着前方，此时天空还未完全放亮，一缕缕薄薄的云浮在空中，显得轻盈飘逸。

"不知道咱们这次运气如何，能不能碰上晨暮之光？"罗伊有些担忧。

"应该没问题吧，听说这个季节正是晨暮之光出现的最佳时节。"斯密达信心满满地说。

"你们看，那不正是晨暮之光吗？"一直专注驾驶飞机、没有说话的米克突然大声叫了起来。

"在哪里？"

"飞机左侧下方！"

果然，在飞机左侧下方的低空中，出现了令人震惊的景象：三条由云构成的白色"管道"铺展在空中，像三条长龙蜿蜒伸向远方；"管道"与"管道"之间相距几百米，向前看不到头，向后看不到尾，不知道它们到底有多长；"管道"不停翻转着，以极快的速度向前滚动，在飞机上似乎都可以听到它们翻滚时发出的巨大呼呼声。

"天哪，真是太壮观了！"罗伊情不自禁地发出感叹，赶紧拿出相机拍摄起来。

"是呀，这是我有生以来见过的最神奇的云！"斯密达也赶紧取出了相机，"米克，能否把飞机往下降一降，这样拍得更清楚一些。"

米克操纵着驾驶杆，把飞机的高度稍稍下降了一些，将白色的管道状云看得更清晰了，不过，这时机身也猛烈地抖动起来。

"伙计们，不能靠得太近！看来这种云非常危险！"米克赶紧把飞机又拉了起来。

他们驾驶飞机跟着晨暮之光跑了一阵，直到它们消失不见，才心满意足地"收兵"回去。这次的小镇之行，三人如愿以偿地拍到了晨暮之光这种神奇的云彩。这些照片一公布，就引起了无数人的好奇和关注。

晨暮之光的传说

晨暮之光是管状云，这种云非常独特，几乎每年秋天，它们都会出

現在伯克顿镇的上空。管状云如同一条条白色的长龙掠过天空，给伯克顿镇带来别样的景观。

关于晨暮之光有一个古老的传说。传说伯克顿镇是海龙出入之地。海龙经常从大海里飞出来，跑到大陆上空嬉戏。它们一出现，就会带来狂风暴雨，给人间带来深重的洪涝灾害。人们不堪其扰，于是每天不停祈祷，希望天神惩治一下这些恶龙。

天神察觉人间苦难后，化装成一个老头来到伯克顿镇。没过两天，海龙出现了，它们呼朋引伴，驾云驱雾，浩浩荡荡地来到伯克顿镇。小镇上空顿时狂风大作，暴雨如注，老百姓的房屋被掀翻了，地里的庄稼被洪水冲走了。见此情景，天神决定狠狠惩治一下这些坏家伙，他飞到空中，用手中的木剑斩下了三条龙的头，其余的恶龙见势不妙，赶紧夹着尾巴逃跑了。从此，伯克顿镇的老百姓过上了安居乐业的生活。

不过，时间一久，这些海龙就有些耐不住寂寞了。每年秋季，它们偷偷从海里溜出来，由于担心被天神发现，它们在身上裹上一层白云，而且总是选择在早晚不易被人察觉的时候出现。

管状云的成因

伯克顿镇上空出现的这些长长的管状云，其长度令人震惊，最长可以延伸到900多千米。它们向前移动的速度可达每小时50千米，相当于

一辆小轿车行驶的速度。这样庞大的身躯和时速，使管状云在无风的天气里，也能给靠近它的飞机带来很大的麻烦。

那么这种神奇的云是怎么形成的呢？德国慕尼黑大学的一位气象学家经过研究后，揭开了管状云的神秘面纱。

原来，管状云是一种在独特的地理位置上形成的特殊云状，是由特殊的气候造成的自然现象。昆士兰州的约克角半岛伸入卡奔塔利亚湾和珊瑚海之间，也就是说，这个半岛处于两片海之间。而伯克顿镇位于约克角半岛西南边，卡奔塔利亚湾的东南端。

每年秋天，约克角半岛东部的湿润海风在白天吹过半岛，到夜里这股风会与来自半岛西部的海风迎面相撞，两股海风碰撞在一起，就会使

卡奔塔利亚湾

空气产生波状扰动。被扰动后的空气既潮湿又不安分，向上升到高空中，在高空风的吹动下，像波浪一般，一股一股地涌向西南内陆，一旦遇到内陆的干冷空气，就会冷却凝结，形成一条条长长的管状云，这些云不断地形成，又不断地消失，前赴后继，源源不断，看上去就像滚动的大管子。

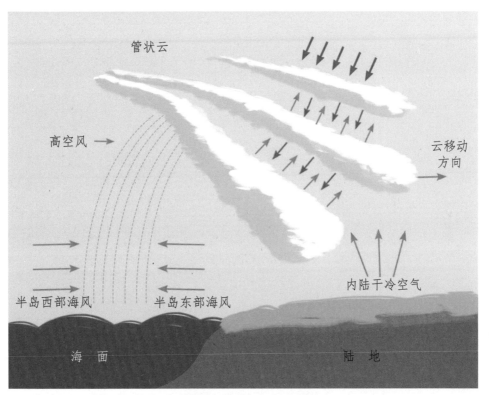

管状云形成原理示意图

气象学家指出："你看着这些管状云，会感觉它们在滚动。而实际上是云的前缘在不断形成，后缘在不断消失，因此给人一种滚动的感觉。"

通过进一步研究，气象学家确认管状云是一种高积云，管状云的出现通常预示着暴风雨的到来，极少情况下也会出现在暴风雨即将结束的时候。总体来说，管状云是一种非常危险的云。

磅礴震撼的海啸云

　　海啸是会造成巨大破坏的海浪，通常由海底地震、海底滑坡、火山爆发、气象变化引起。海啸发生时，巨浪呼啸，以摧枯拉朽之势越过海岸线，迅猛袭击岸边的城市和村庄，景象恐怖又震撼。

　　大自然中，有一种云极像海啸发生时的景象，因此也被人们称为海啸云。

像海啸一样的云

海啸云堪比沙尘暴

2018年3月的一天上午，加拿大艾伯塔省的一个小村庄里，一个叫肖娜·奥尔森的年轻女孩背着书包，准备前往城里上学。

肖娜·奥尔森是一名大学生，两天前她请假回村看望生病的父亲，这天早上父亲病情有所好转，于是她决定立即赶回学校。走在熟悉的乡村小路上，肖娜·奥尔森心情很好，情不自禁地哼起了小曲。村庄离城市并不远，她只要走半小时到镇上，再搭乘公共汽车就可以到达学校了。

然而，离家后没走出多远，肖娜·奥尔森便停住了脚步，因为她看见前方不远的平原上，一片灰白色云团正徐徐升起，它们翻腾着、奔涌着，仿佛里面有无数妖魔在翻滚。不一会儿，云团便扩展成一堵巨大的云墙，横亘在广阔的平原上。云墙不断翻滚着前行，好似巨浪。

肖娜·奥尔森被深深震撼了，她下意识地从口袋里掏出手机，对着眼前的景象拍了起来。这时，"巨浪"已经冲到了她的面前，云浪滚滚，遮天蔽日，似乎要把一切都吞没，整个情景犹如沙尘暴来袭一般。霎时间，"巨浪"把她包围了，天空不见了，地面上的所有东西都被遮盖了起来。耳边风声呼呼，什么都看不到，肖娜·奥尔森的心里只剩下说不出的惊恐和茫然。

磅礴震撼的海啸云

大约过了 5 分钟，由云构成的"巨浪"才完全升腾消失，紧接着，天空中飘起了雪花。肖娜·奥尔森过了许久才回过神来，她当天就将拍摄的视频上传网络，网友们也感到了一种说不出的震撼。

海啸云袭来犹如世界末日场景

海啸云除了出现在内陆，有时也会出现在大海的上空，当它在海上出现时，其情其景犹如科幻电影中的世界末日场景一般。

澳大利亚新南威尔士州的冲浪圣地——邦迪海滩，就曾经出现过海啸云。2015 年的一天下午，许多游客正在海滩上玩耍，不知不觉间，天空发生了变化。天空阴沉下来，紧接着，一大片厚重的云层从海天相接处快速涌来，铺天盖地砸向岸边。云层前端像旋转的巨大车轮，场面壮观又惊悚，犹如科幻电影中的世界末日景象。这样的景象令游客和当地人都感到恐惧和不安，有人甚至说海啸云会带来海啸。

海啸云的成因

那么，海啸云是怎么形成的呢？它是不是海啸出现的预兆呢？

别急，咱们来慢慢分析海啸云的身世。

海啸云是一种在锋面上生成的云。所谓锋面，是指大气中温度、湿度等物理性质不同的两种气团的交界面，通俗地说，就是冷气团和暖气团之间的交界面。

常见的锋有冷锋和暖锋。若冷气团推动暖气团，这种锋面就被称为冷锋；反之，暖气团推动冷气团，这种锋面就被称为暖锋。

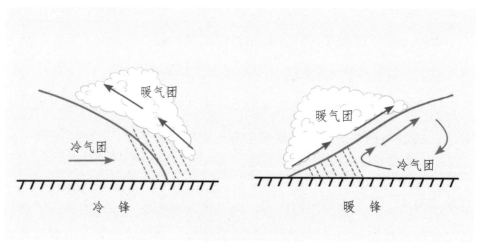

冷锋和暖锋示意图

气象学家告诉我们，冷空气和暖空气只要一相遇，就会发生激烈的冲突，所以不管是哪一种锋，它们交界面（即锋面）上的空气运动都十分活跃，气流极不稳定，常常会形成一系列剧烈的天气现象，这其中就包括海啸云。

当然，海啸云不同于一般的云，它是暖气团推着冷气团移动形成的。冷、暖气团激烈交锋时，锋面不停地发生强烈的上升和下降运动，常会

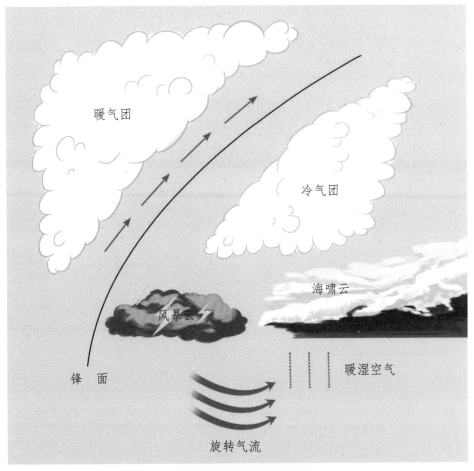

海啸云形成原理示意图

形成大范围的风暴云。在风暴云的前沿，有时会产生一种旋转气流，它就像旋转的巨大风车，将下层温暖潮湿的空气往上卷，当这些暖湿空气上升冷却后，就会形成令人震撼的海啸云，它们被锋面推着向前移动，就像滚动的巨大车轮。

　　海啸云只是一种自然现象，并不是海啸出现的预兆。不过，这种云非常危险，因为云中的上升气流和下沉气流的流动速度很快，如果飞机遇到了海啸云，就很容易发生飞行事故。

魔幻的糙面云

在一些动画片或神话故事片中，妖怪出场之前，天空中常常黑云滚滚，云层翻腾，看上去让人心惊胆战。

现实中，有一种云和影视作品中的这种"黑云"非常相似，那就是罕见的怪云——糙面云。

天空惊现"魔鬼云"

让我们把目光投向南半球的新西兰。

2005 年，新西兰一个叫汉默的温泉小镇一下子火了，因为有人在这里拍到了一种让人看一眼就会终生难忘的怪云。

汉默温泉小镇位于新西兰的南岛，虽然这个小镇的地理位置比较偏僻，但它坐落在风景秀丽的南阿尔卑斯山脚下，再加上这里遍布温泉，所以每年都会吸引许多游客来此休闲度假。

摄影师威廉姆斯便是众多游客中的一员。这年初秋，他先是乘飞机从欧洲来到新西兰，接着又换乘汽车，马不停蹄地赶往汉默温泉小镇。

到达小镇后，威廉姆斯不顾疲劳，立即跑到外面的温泉池去泡温泉。

此时已经是傍晚时分，余晖洒照在山顶的皑皑白雪和大片森林上，景色美不胜收。

威廉姆斯泡在温泉池里，习惯性地抬头望了望天空。天空被分成了清晰的两部分，一边晴朗，几乎没有一丝云彩，而另一边却浓云密布，云底阴暗混乱，给人一种要下雨的感觉。随着时间推移，云底的混乱越来越明显，云块间出现一个个巨大的褶皱，云层混乱不堪，扭曲成可怕的形状，表面布满了粗糙的团块，看上去好似外星生物，又仿佛传说中的妖魔鬼怪。在夕阳余晖的映照下，云底一片通红，狰狞的云状给人一

天空中的"魔鬼云"

种说不出的诡异感觉，让人感到恐怖。

"天哪，这是怎么回事？"大家惊慌不已，纷纷从温泉池中爬出来，有人甚至不敢再看向天空，一路小跑地回到了宾馆。

威廉姆斯心里也充满了疑惑和不安，不过出于职业习惯，他还是很快回到房间取出相机，对着天空猛拍起来。

当天，威廉姆斯便把照片发回了欧洲。很快，怪云的照片就在媒体上发表出来，引起了人们的关注和热议。有人说看多了这种云会做噩梦，有人说这是外星人入侵，还有人则称它为"妖怪云"。

糙面云搅动人们的神经

威廉姆斯拍摄的这种怪云，就是声名显赫的糙面云。

糙面云是一种波状云，顾名思义，它的表面十分粗糙，云底有许多混乱扭曲的巨大褶皱，表面则密布粗糙、连续的团块状结构，看上去魔幻又恐怖。

据说，早在1950年就有人拍摄到了糙面云，并把照片提交给了世界气象组织，但工作人员怀疑这是做了手脚的照片，因此直接采取了无视的态度。进入21世纪后，这种云被越来越多的目击者拍摄下来。面对众多证据，世界气象组织终于承认了糙面云的存在，并把它收录在2017年发布的《国际云图》当中。

福州上空出现的糙面云

糙面云非常罕见，可以说它的每一次出现，都会搅动人们的神经，引起众多的好奇、猜疑和不安。

左边这张糙面云的照片拍摄于中国福建省福州市。2015 年 3 月的一天，福州上空乌云翻滚，不久，云底形成了一个个怪异的圈，它们有大有小，有的圈外围黑、中间透着亮光，有的圈外围白、中间黑，还有的圈半黑半白……远远看去，天空中仿佛出现了一个个倒挂的天坑，令人感觉十分魔幻。

魔幻的糙面云

云层堆积形成糙面云

糙面云是如何形成的呢？

气象学家指出，世界各地的糙面云外表虽然不尽相同，但它们都有两个重要的特征：第一，云层底部均为颗粒状团块，并且显得十分粗糙；第二，云体结构非常扭曲，到处都呈现出不规则的褶皱。此外，这种罕见的云除了混沌、扭曲、粗糙外，有时还会产生幅度极为夸张的下沉，看上去就像要砸到地面上一般。

经过深入分析和研究，气象学家发现糙面云其实来源于一种脾气比较温和的云——层积云。层积云属于低云族，一般由水滴构成，主要由

层积云

空气的波动和乱流混合作用而形成。在南方，由水滴构成的层积云有时可产生较大的降水；而在中国北方和高原地区的严寒季节，这种云可由水滴、冰晶构成，厚者可降下间歇性小雨雪。

层积云的外表比较普通，一般由结构松散的大云块、大云条（滚轴状）组成云层，有时排列成行，颜色呈灰白色或灰色。

那么，长相老实憨厚的层积云怎么会变成恐怖魔幻的糙面云呢？气象学家解释说，这是因为层积云形成后，在锋面或其他强对流天气的继续作用下，云层不断增厚、堆积和挤压，当其堆积、挤压到极限直至发生褶皱时，便形成了糙面云。

由于糙面云外形恐怖，它出现时，人们往往会把它和一些灾难联系

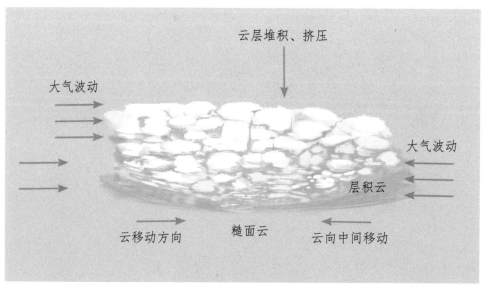

糙面云形成原理示意图

魔幻的糙面云

起来，甚至有人直接称它为"灾云"，认为它是灾难发生的预兆。其实，这可真的冤枉了糙面云。气象学家指出，糙面云通常出现在大雨之后，它不但和灾难没有一点儿关系，反而有时还会预示着雨后将要迎来晴好天气哩。

壮观的瀑布云

我们都知道，瀑布是从山的崖壁上奔腾而下的水流。大自然中，有时气势宏大的云流也会从高处快速奔涌而下，这种云被称为瀑布云。

瀑布云出现时，好似天幕下落，又如长练垂下，铺天盖地的云气势磅礴、汹涌澎湃，可以说是地球上极为壮观的自然景象之一。

夹金山上的壮观云瀑

夹金山横亘在四川省小金县达维乡与雅安市宝兴县之间，主峰海拔超过 4 千米，山岭连绵、重峦叠嶂。当地流传着一首这样的民谣："夹金山，夹金山，鸟儿飞不过，凡人不可攀。要想越过夹金山，除非神仙到人间！"

这座巍峨壮美、雄峻奇险的大山，处处氤氲，透着神秘莫测、摄人心魄的气息，其中，一泻千里、雄浑壮美的瀑布云，更是堪称人间仙境。

清晨，从小金县县城出发，沿着夹金山的山路向上攀缘，晴朗湛蓝的天幕上，几乎看不到一丝云彩，金灿灿的太阳倾洒下万道金光，把夹

壮观的瀑布云

金山晕染得格外壮观。在夹金山的半山腰上，可以看到一条白色的云带
萦绕在山顶上，好似夹金山缠裹着一块头巾。距离山顶越近，白色的"头
巾"越清晰，只见白茫茫的云雾在山顶蔓延，如棉花般的云彩翻卷着，
跃跃欲飞，景象煞是好看。

正当人们为眼前的景象陶醉时，突然之间，云海如大江般决堤了，
滔滔云海似千军万马般从山顶直冲下来，翻江倒海的场面令人震撼。白
云飞舞着，在强劲的高原风的吹拂下，争先恐后地向山下逃窜。从半山
腰往上看，咆哮奔涌的白云如一条瀑布挂在山间。

而来到夹金山的山顶后，这里又是另一番景象：云雾在面前翻滚，

云如瀑布流淌而下

仅露出一个个的山头。不一会儿，云雾便冲到人面前，将人完全笼罩在一片白茫茫的云海之中。

夹金山瀑布云的成因

夹金山的瀑布云，是一种可遇而不可求的景象。民间传说中，夹金山是神仙聚会之所，因为这里景色奇美，所以天上的神仙经常前往夹金山聚会。每当神仙出现，夹金山就会升起大量云雾，从而出现壮观美丽的瀑布云。据说运气好的时候，人们还可以看到神仙哩。

那么，夹金山上真的有神仙吗？

当夹金山出现瀑布云的时候，人们确实有可能看到"神仙"。

站在山顶高处向下望，只见四周白云茫茫，波起云涌，好像汪洋大海一般。正当人们对眼前如梦如幻的"仙境"赞叹不已的时候，瀑布云中突然出现了一个巨大的光环，光环开始为白色，渐渐地，变成了彩色。光环越来越大，离人们也越来越近，似乎触手可及。正当人们惊诧不已时，神奇的一幕出现了——光环中有硕大的影子显现出来，影随人动，或抬手，或举足，栩栩如生，其情其景宛如传说中的"菩萨显灵"。"神仙"和远远近近的皑皑雪山一起，构成了一幅神秘而美不胜收的风景。

这种奇特的现象，在气象学上被称为"佛光"，在多雾的山区经常出现。

　　早晨，人站在山顶上，当背后有太阳光射来时，前面弥漫的浓雾上就会出现人影或头影，影子四周常环绕着一个彩色的光环。这个光环是光线射入雾层之后，经过雾中的小水滴反射后形成的。

　　夹金山上之所以出现"佛光"，正是因为瀑布云的空气湿度很大，为太阳光线提供了充裕的游戏场所。在云层之上，当太阳散发出万道金光时，云雾中水滴间的空隙便会发生光的衍射，从而产生彩色的光环，色带排列正好与虹相反。如果观者与太阳、光环恰好在一条直线上，就

"佛光"形成原理示意图

可以看见人影映于光环之内，人行影亦行、人舞影亦舞的现象了，于是人们就飘飘"遇仙"了。

弄清了"神仙"的真相，我们再来看看瀑布云的成因。

原来，夹金山的另一面，完全是另一番天地。夹金山的东面是四川盆地，由于四川盆地的暖湿空气常在夹金山东坡上升凝结，加上东坡的地形像个喇叭口，暖湿空气只能进不能出，因而常常形成大面积云海。云海沿着山势升高，在翻越山顶后，遇到夹金山西坡的干冷空气，迅速下沉，并从山顶一带决堤而下，从而形成了十分壮观的瀑布云。

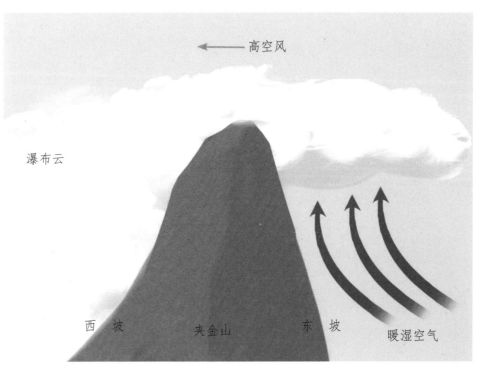

瀑布云形成原理示意图

壮观的瀑布云

　　瀑布云的形成与独特的地形分不开。在地形抬升的作用下，云层在山顶生成后，又沿山的另一面倾泻而下，直冲谷底，从而形成飞流直下、壮观无比的瀑布云。

吓人的乳状云

暴风雨来临前，我们常常会看到满天乌云，它们黑压压地布满天空，仿佛随时都会压到头顶上来，让人心惊胆战。不过，最令人恐惧的云，是一种类似奶牛乳房的怪云，气象学家称它为乳状云。

乳状云布满天空

乳状云又称乳状积云，是一种很罕见的自然奇观，它们很少出现，人们很可能一辈子都看不到它。

当乳状云出现并布满天空时，人们总是会惊恐不安。

2013年4月25日上午，吉林省延吉市被厚厚的云层笼罩，天空昏暗，仿佛黑夜提前来临。一大团一大团黑云堆积在空中，云团的底部径直垂下来，天空中像悬挂着一个个巨大的圆球，它们与楼顶的距离是那么近，仿佛随时都会砸下来。

"这是什么云？莫非今天要出事？"当看到天上出现的怪云时，延吉市民们都不禁有些担忧。

吓人的乳状云

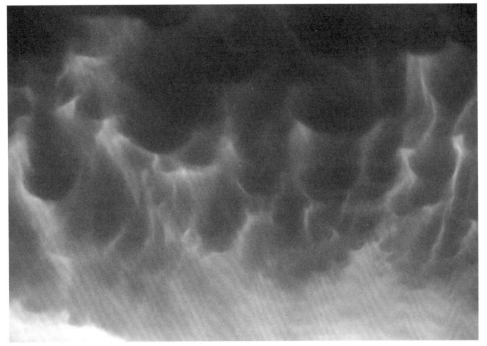

乳状云

后来，经过气象学家辨认，确定这是十分罕见的乳状云，人们心里悬着的石头才落了地。

乳状云属于低云族中的积雨云，其实它们就是积雨云的底部，只不过，一般的积雨云底部不会出现这种形状。

云形成的过程是又湿又热的空气被抬升到高空，逐渐冷却的过程，

积雨云的形成也不例外。不过，积雨云形成后，它内部的上升和下沉气流的运动都十分剧烈。上升的气流把水汽顶到很高很高的空中，水汽饱和析出后，由于高空的温度很低，有的变成了液态水，有的直接凝结成了冰晶体，有的变成水后又被冻成冰。这些液态水、冰晶体、混合冰生成后并不安分，它们在翻滚的气流中你碰我、我撞你，不断集结，发展壮大，自身的体重也在不断增加，上升的气流很快便托不住它们了，于是它们便向下坠落。

一般情况下，这些液态水、冰晶体和混合冰会直接落到地上，形成雨、雪，甚至是小冰雹，所以平常我们只能看到普通的积雨云。

普通的积雨云

乳状云形成的秘密

什么情况下，积雨云会变成乳状云呢？

万事都有偶然的时候，当液态水、冰晶体、混合冰组成的又湿又冷的空气迅速下降时，恰好遇见从地面上升的暖空气，并且这团暖空气上升的力量与湿冷空气下降的力量正好相当，奇迹便发生了。湿冷空气在

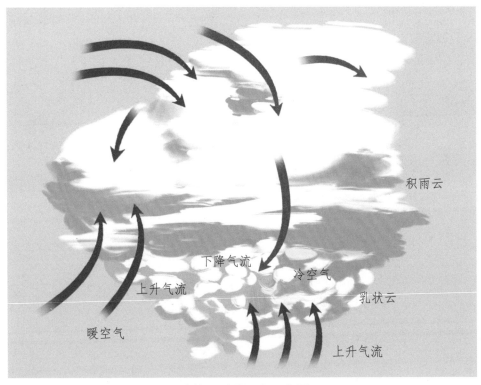

积雨云

下降气流

冷空气

乳状云

上升气流

暖空气

上升气流

乳状云形成原理示意图

49

空中悬停，并冷却凝结，形成一个个乳状的云块。

乳状云的外形变化较多，它们可以在多个方向上延伸数百平方千米，形成长形波状涟漪，或者是接近球形的斑块状云层。

气象学家告诉我们，乳状云的出现往往预示着暴风雨或其他恶劣天气的降临，所以，当你看到天空中有乳状云出现时，记得提前做好防灾准备哦！

神秘的飞碟云

飞碟，是传说中外星人乘坐的飞行器，据说它的外形像圆盘或碟子。长期以来，不少人声称曾看到过飞碟，并拍下了形形色色的照片。不过据专家分析，这些照片中的飞碟都是赝品。

在这些赝品中，有一种云因外形酷似飞碟而长期被人们误认，它就是神秘而罕见的飞碟云。

摄影师拍到飞碟云

2013年6月的一天，俄罗斯的堪察加半岛上，几个俄罗斯人一边慢慢走，一边欣赏半岛上的美丽景色，其中一名摄影师扛着摄像机，边走边拍摄。

堪察加半岛地广人稀，植被、地貌基本保持了原始状态，一直以来，这里都是探险家和摄影师的天堂。

"快看，那是什么？"转过一个山头，一个俄罗斯人突然指着不远处的山顶叫了起来。

一个椭圆状的巨大白色物体悬停在半空中，它的直径目测大约有

500米，高度约有200米，前部较为宽大，中部有些凹陷，顶部看上去十分光滑，呈现出丝绸般的光泽。

"飞碟！"几个人几乎异口同声地说出了心中所想。话一出口，大家似乎都意识到了什么，赶紧蹲下身子就地隐藏。他们扒开灌木丛，小心翼翼地向外看，摄影师则将镜头对准了"大圆盘"，小心翼翼地拍摄起来。

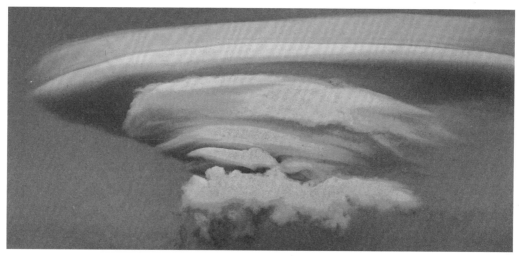

大圆盘一样的飞碟云

"大圆盘"悄无声息，像幽灵般慢慢移动。这个巨大的白色圆盘确实很像传说中的飞碟，不论是外形还是神秘性，它都和传闻中另一个世界的交通工具别无二致。不过，当摄影师将镜头慢慢拉近时，发现这个"大圆盘"身上出现了云的特征。"我觉得它应该不是飞碟，而是一直以来人们说的飞碟云。"摄影师一边拍摄，一边告诉同伴。

通过摄像机的镜头，几个俄罗斯人最终确定，这个"大圆盘"是飞碟云。

神出鬼没的飞碟云

飞碟云神出鬼没，很难被发现。不过，人们还是在许多地方拍下了它的身影。

2017 年 11 月的一天，一朵蘑菇般的云惊现云南省丽江市的上空，好似神秘的外星飞碟。

神出鬼没的飞碟云

2019 年 12 月的一天清晨，北京上空出现了形似飞碟的粉色云团，惹得不少路人纷纷惊呼："飞碟！"不少人迅速掏出手机，拍下这难得的一幕。

北京上空出现的飞碟云

那么，飞碟云是一种什么样的云？它又是如何形成的呢？

通常人们看到的飞碟云，其实是荚状高积云。荚状高积云属于中云族，它中间厚边缘薄，轮廓分明，通常呈豆荚状或椭圆形，所以被称为荚状

高积云。

莢状高积云的云块通常呈白色，但在太阳光和月光的照射下，云块有时也会呈现出七彩虹光，使它看上去十分神秘。

莢状高积云通常形成于下部有上升气流、上部有下降气流的大气层中。它的"前世"，其实是一团湿润的空气。因为平地上温度没有显著变化，所以这团湿润的空气在平地上流动时，也就不会形成云，所以你根本看不到它。不过，当遇到高山阻挡时，气团便开始爬升。我们知道，越往高处

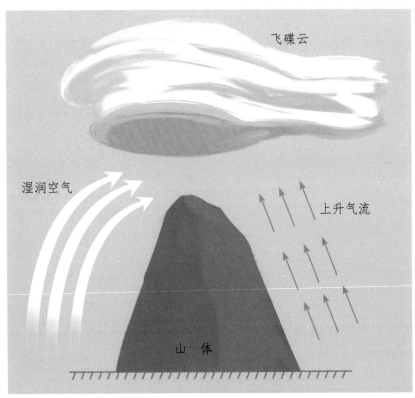

飞碟云形成原理示意图

温度越低，湿热空气遇冷降温，里面的水汽就会凝结形成云。云翻过山后一般都会往下沉，但这时山另一边也有上升的气流，两股力量相互掐扯，便将云扯成了豆荚状或椭圆形。

因为荚状高积云很少出现，人们很难看到它的身影，再加上它的模样特别像飞碟，所以它一出现，便被误认为是外星飞船或不明飞行物。

荚状高积云对预测天气具有一定的指示性作用。通常，若荚状高积云出现在大量云飘过之后，就预示着将有晴好的天气；若出现在大量云之前，则往往预示着未来的天气要转坏。不过，想通过荚状高积云来预测未来的天气情况，还要结合当时天空中其他云况的演变和天气形势来综合判断。

可爱的帽子云

天上的云多姿多彩，各具特色，有一种外形独特的云可以说是自然界的一大奇异现象。

这种云的外形看起来像顶可爱的帽子，因此被称为帽子云。

帽子云引热议

2010 年 8 月的一天傍晚，太阳快要落山了，在天山山脉东段最高峰博格达峰下的一处草场里，一名叫努哈依的小伙子赶着牛羊，慢悠悠地向山下的村子走去。

走着走着，小伙子不经意看了一眼身后的山峰，他的双眼一下子瞪大了。只见在落日余晖的映照下，博格达峰上的皑皑白雪发出圣洁的光芒，而山峰的上空，则出现了一朵奇异的云。这朵云的云体由两个层面组成，下层比上层稍宽，底部与山峰相接触，上部稍稍向上挑起，整体看起来就像当地人戴的一种宽檐帽。

与此同时，山下村子里也有人看到了这朵奇异的怪云。

新疆博格达峰

　　"快看，山上的那朵云好奇怪哦！"人们奔走相告。有记者恰好在当地采访，他们用镜头将帽子云捕捉了下来。

　　其实，不只是博格达峰，许多大山的山顶上都出现过类似的帽子云。

可爱的帽子云

中国登山队的队员在攀登世界最高峰珠穆朗玛峰时，就曾经见到过帽子云。有一次，他们发现珠峰顶上出现的白云，看上去很像电影《加勒比海盗》中杰克船长戴的水手帽。

珠穆朗玛峰上的帽子云

火山上空的帽子云

　　帽子云除了在一些山顶上空出现，在一些火山喷发的现场，也会现出身影。

　　2009 年 6 月 12 日，在太平洋西北部千岛群岛的松轮岛上，伴随着

巨大的轰鸣声，萨里切夫火山大规模喷发了，火山灰直冲云霄，形成数千米高的烟柱。当天，一位在国际空间站工作的航天员观察到火山喷发的情景后，立即将它拍了下来。照片传送到地面后，科学家们发现这张从高空拍摄的照片上，褐色火山灰和白色水蒸气共同形成了巨大的云柱，像一个硕大无比的蘑菇挺立在天地之间，云柱顶端扩展、平延，形状像一顶大帽子。

有趣的是，有的火山喷发后，受地形、气候、天气等因素的影响，它还能形成双层帽子云哩。

有的火山喷发时，正值傍晚落日时分，在夕阳的余晖映照下，火山上空的帽子云熠熠生辉，火红灿烂。

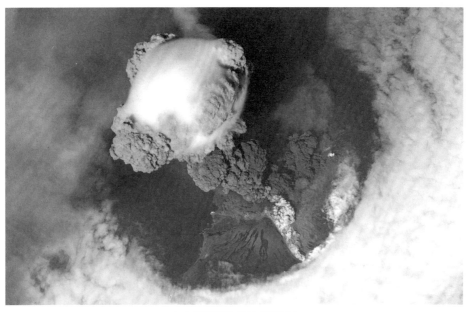

火山喷发形成的帽子云

可爱的帽子云

帽子云的成因

帽子云是如何形成的呢？

气象学家认为，这种云形成的主要原因是气流猛烈上升运动。我们都知道，气流的上升运动是形成云的基本条件，如遇到高大的山峰，湿润的空气被上升气流带到空中，温度降低后，空气中的水汽才能达到饱和状态，从而凝结形成小水滴或小冰晶，也就是形成云——如果没有气流的上升运动的话，空气中的水汽再多，也不可能形成云。

可是如果上升气流冲得太猛了，空气移动速度太快，湿润气流冲到高处时，就会处于一种无组织无纪律的混乱状态，因为高处的温度一般较低，都会达到形成云的条件，上层的云形成"帽壳"，而下层由于温度稍高，云层扩散开，则形成"帽檐"。气象学家指出，一般情况下，低云族的积雨云才具备这种猛烈向上的冲劲。这种云团内部的上升气流特别旺盛，一些湿润的空气被顶到上部后，便会形成云帽，于是，一朵奇怪的巨大帽子云就形成了。

有气象学家指出，在雷暴天气中，由于气流快速上升，并且不断同大气层空气进行混合，当气流达到形成云层所需的温度后，就会形成帽子云。因此，在雷暴天气中，帽子云现象相对较常见。

至于火山喷发形成的云帽，其原理也差不多。火山爆发形成的冲击

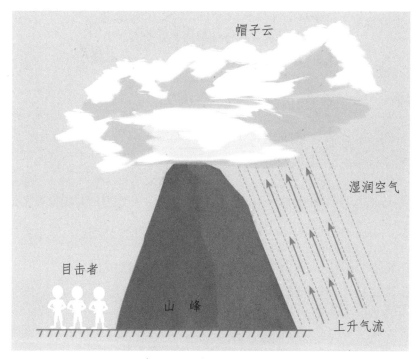

帽子云形成原理示意图

波使火山灰快速上升，将空气迅速抬升并在高空中冷却，使水蒸气凝结，从而形成帽子云。

诡异的夜光云

在太阳光的照射下，天空中的云有时会呈现出美丽的色彩，但一到夜晚，如果没有月光，整个天空就会一片漆黑，所有的云都隐入了黑暗之中。

在无边的黑暗中，人们有时会看到一种散发着淡蓝色或银灰色光的薄云，它们像幽灵一般飘浮在夜空中，显得神秘莫测。

天文爱好者的发现

人类第一次看到夜间发光的云，是在 19 世纪末期。

1885 年的一天晚上，美国科罗拉多大学教授加里·托马斯和几个学生一起，站在教学楼的平台上观测天空中的云。那天没有月光，天空一片漆黑。托马斯教授和学生们借助云底反射的人间灯火，努力辨认着云的形状。

这时，有个学生指着南面的天空，惊奇地叫了起来："教授，那是什么？"托马斯教授转头一看，只见南面的天空中有一片薄雾状的怪云，散发着幽幽的蓝光。这片怪云的上层呈丝缕状，仿佛纵横交错的河道，

而下面的云则连接成一片,像一条大河横过天空。在漆黑的天空衬托下,怪云看上去格外醒目。

"那会不会是萤火虫聚集形成的发光体呢?"有学生分析。

"不对,萤火虫不可能飞那么高,也不可能形成那么大的一片,再说,萤火虫是会活动的呀!"有人马上反驳。

"嗯,这确实是一片云,可是它为什么会发光呢?"托马斯教授也百思不解。

正当大家热烈讨论的时候,怪云散发的蓝光逐渐淡去,云体也开始

夜间发光的云

64

变得模糊。不一会儿，整片云便融进了黑暗之中，从大家的视野中消失了。

后来，又有不少人看见过这种发光的云。

2006 年的一天傍晚，在北欧瑞典的首都斯德哥尔摩，几个天文爱好者聚在一起观测夜空时，看到了令人惊奇的一幕：天空被划分成了三个层次分明的区域，北面地平线及其附近的一小片天空，被城市的灯光映照成一片橘黄色，紧挨着这片橘黄色天空的，是一片由蓝色薄云构成的区域，除此之外，便是大片漆黑的夜空。令他们感到惊奇的是那片蓝色的云区，它与其他云区界线清晰，云体轮廓明显，大部分呈丝缕结构，一小部分分层排列，看上去像山间梯田一般，显得十分怪异。

几个天文爱好者赶紧拿起相机，拍下了这难得的一幕。这种云就是夜光云，意思是在夜间发光的云。

夜光云的亮度有明有暗，形状也各种各样，千姿百态。下面，咱们一起来见识一下摄影师拍摄的各种形状的夜光云。

毛卷状夜光云是夜光云中出现比较多的一种，它们像一条条马尾扫过傍晚的天空，地平线上的落日余晖与蓝色的云相互映衬，倒映在湖泊的水面上，景象美不胜收。

裂纹状夜光云，这种夜光云呈现出独特的银白色，云体丝缕结构十

毛卷状夜光云

分明显，并且相互交织在一起，显得凌乱不堪，看上去就像天空中出现了无数裂纹。

波浪状夜光云，这种夜光云的中间部分呈现出明显的起伏，看上去就像大海里的波浪一样，使得整个天空都似乎动了起来。

裂纹状夜光云

66

波浪状夜光云

水母型夜光云，这种巨大的夜光云像弧状云幕横过天空，并且分成两部分，一部分有丝缕结构，另一部分只有轮廓，看上去像一只巨型水母在夜空中遨游。

夜光云形成之谜

你可能会问：美丽而神秘的夜光云是如何形成的呢？

夜光云看起来有点儿像高云族的卷云，但它比卷云薄得多，所处的

位置也更高，而且颜色为明亮的蓝色或银灰色。夜光云一般出现在日落后太阳与地平线夹角大约在6°～16°的时候。这是因为，时间若太早，太阳光线强烈，而夜光云太薄，就会看不见；若时间太晚，云层已经落入地球的阴影中，云中的冰晶颗粒无法散射太阳光，也会难以看到。因此，夜光云总是在刚刚入夜而且天空还没有彻底黑下来的时候出现，并且最常在高纬度地区的夏季出现。

对夜光云的成因，目前科学家普遍持有不同意见，最主流的观点认为，夜光云是由极细的冰晶构成的，是一种一般形成于大气层中间层的云。

形成夜光云需要有低温、少量水蒸气和大量尘埃三个条件。高空尘埃的来源还不确定，有人认为这些尘埃可能来自微小的流星，也可能来

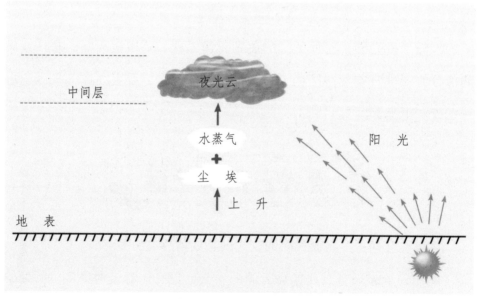

夜光云形成原理示意图

自火山灰和大气尘埃。比如，当地表发生火山喷发时，尘埃被上升的气流带到大气层的中间层，与这里的少量水蒸气相遇，当水蒸气附着在尘埃上，低温下就会冷却凝结成极小的冰晶。当冰晶越来越多，大量聚积在一起，便形成了夜光云。

夜光云之所以会发光，是因为云中微小的冰晶在高空中散射太阳不同波长的光线，从而使地面上的人看到了发着蓝光或银灰色光的云。

不可思议的穿洞云

好端端的，天空中突然出现了一幅奇异的景象——厚厚的云层逐渐分开，一个怪洞赫然出现，更离奇的是，有时洞口附近的云彩竟然呈现彩色。

这是一种什么样的怪云？奇特的云洞又是如何形成的呢？

奇特的云洞现象

让我们把目光投向澳大利亚的吉普斯兰岛。

吉普斯兰岛位于澳大利亚维多利亚州的东角，这是一个地貌多样、风光迷人的岛屿，岛上既有大片纯净洁白的海滩，也有宽广的湖泊和陡峻的山岭，吸引了大量游客来此观光旅游。

2014年11月的一天午后，数十名外地游客在导游的带领下，步行前往海边的小渔村参观。这天的天气起初很好，天空晴朗，万里无云，但天上慢慢地出现了大片乳白色的、松软的云朵，它们像洁白的棉絮铺满天空，将阳光严严实实地遮蔽了起来。

游客们走在路上，东看看，西瞧瞧，其中一名叫汤姆的摄影爱好者

不可思议的穿洞云

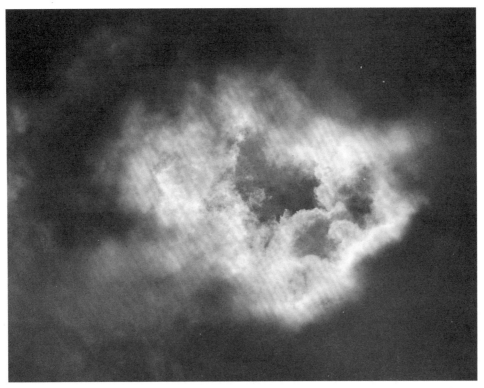

云　洞

抬头看了看天空，突然，他大叫了一声："天啊！"随即，他抓起相机，对着天空就是一顿猛拍。

大伙儿好奇地抬头一看，发现头顶上方的云层向四周散开，形成了一个椭圆形的怪圈，仿佛天空破了一个大洞；洞里的蓝天格外清晰，与周边的云层泾渭分明。

从侧面看，整个云洞犹如一只巨大的水母，而从正面看上去，云洞又好似一个巨人的脚印。几十条毛丝状的云彩横穿过云洞的中部，其中

71

赫然夹杂着一道七色彩虹，看上去似乎有某种神秘的东西正从洞中缓缓下降。

大伙儿一时看呆了。数分钟后，云洞中的毛丝状长条云越来越多，洞慢慢被填满，与周边的界限逐渐模糊，而那道横穿过云洞的彩虹也慢慢隐身。再后来，云洞与四周的云层完全融为一体，天空又恢复了原来的面目。

云洞的庐山真面目

澳大利亚吉普斯兰岛出现的云洞究竟是怎么回事呢？

云洞出现的当天，一组有关云洞的照片便被传到了"赏云协会"的网站上。协会成员们经过仔细辨别，终于揭开了这种怪异云洞的神秘面纱。

原来，这个云洞的名称是穿洞云，也叫作雨幡洞云，是云层在特殊条件下玩的一种"变脸魔术"。

放眼世界各地，穿洞云时有出现，它们的形态和大小也各有千秋。

四川省宜宾市曾出现穿洞云，当时天空中铺满了灰黑色的云层，太阳被严严实实地遮挡住，而在市郊的一处天空中，云层破了一个大洞，洞中间犹有一团黑云，阳光顺着四周的洞壁洒向地面，在地上形成一个巨大的光圈，令人甚感惊异。

不可思议的穿洞云

下图中为曾出现在北美洲某个地方的穿洞云，当时，布满天空的透光高积云里，赫然出现了一个一端大、一端小的云洞，整体看上去就像一个大灯泡。

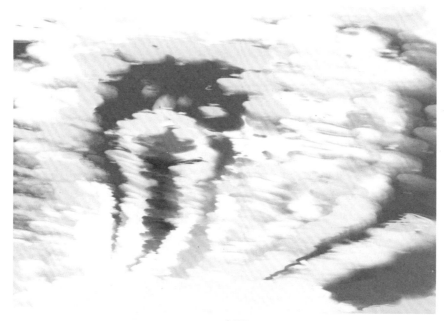

穿洞云

穿洞云是如何形成的呢？

气象学家指出，云层之所以出现空洞，是由于云层中的局部突然出现剧烈的降温，使得云中的小水珠迅速冷却而凝结成了冰晶。因为冰晶

相对比较重，空气的浮力托不住它们，所以它们脱离云层表面降落下来，从而使得云层中出现了破洞。冰晶在下落的过程中，如果太阳光照射的角度适当，就会折射阳光而形成彩虹。一些云洞之所以没有出现彩虹，是因为当时太阳光照射的角度不合适。

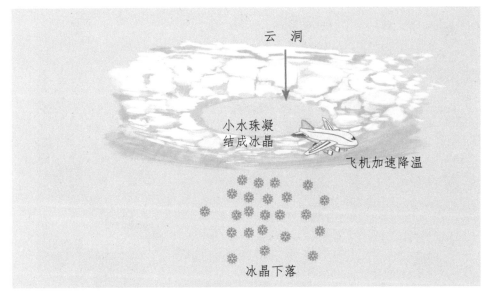

穿洞云形成原理示意图

不过，出现空洞的那部分云层，为何会突然出现剧烈的降温呢？

原来是飞机飞行造成的。当飞机从云层中高速飞过时，螺旋桨或机翼周围的空气产生向后的作用力，导致空气膨胀，从而出现大幅降温的现象。特别是飞机突然加速时，这种空气的膨胀尤其明显，使得云层的局部出现剧烈的降温，云中的液态水珠迅速凝结形成冰晶，它们的重力比空气的浮力大，因而下落，而冰晶一旦坠落，穿洞云便形成了。

云层中出现空洞

五彩缤纷的珠母云

一场风暴过后，海湾上空突然出现了怪异的云朵，它们五彩缤纷、明亮耀眼，在傍晚黯淡的天空中显得神秘而又美丽。

这些彩云是何方神圣？它们是怎么形成的呢？

2016年2月的一天傍晚，英格兰北部诺森伯兰郡的惠特利海湾一片宁静。几个小时前，一场飓风袭击了这里，风暴引发了洪水，导致诺森伯兰郡的大部分地区电力中断。

夜幕降临，但当地电力供应尚未恢复，人们三三两两走出家门，去海滩上散步，一名叫亨利的男子也背着相机来到了海边。他一边走，一边四处拍照。拍着拍着，亨利忽然感觉天空一下子亮了起来，抬头一看，一幅从未见过的景象瞬间让他震惊了：彩云！天上有许多流光溢彩的亮丽彩云。这些彩云有的像长长的彩带横扫过天空，有的一朵一朵地单独呈现，如精灵般遨游在空中。这些彩云都十分明亮，甚至可以说闪闪发光，

76

在暗淡的天空中格外引人注目。

    亨利仔细观看，发现这些云的色彩都十分灿烂。每朵云都呈现出紫、蓝、红、黄等各种颜色，像彩虹般美不胜收，又如阳光下的贝壳闪耀着的色带，令人大为惊奇。这些云朵有着珍珠般的光泽，有的拖着长长的流苏，像大海中游动的热带鱼；有的仿若外星人乘坐的飞碟；有的首尾相接，如彩龙在天际蜿蜒盘旋……五彩缤纷的云衬着远处的树木、空中的飞鸟、起伏的山峦和海边的沙滩，看上去像一幅幅富有诗意的风景画。亨利举起手中的相机一口气拍下了许多照片。

    在亨利拍摄的同时，在海边散步的人们也发现了天空中的奇异景象。

彩云似精灵遨游在夜空

"这是什么云？它们是怎么形成的？"由于当地从未出现过这种彩云，大家议论纷纷，百思不解。

罕见的珠母云

当地气象学家经过辨认，终于揭开了这些漂亮的怪云的神秘面纱，原来它们是一种十分罕见的云——珠母云。

珠母云又叫贝状高层云，云体具有珍珠般的光泽，透光如卷云，同时又伴有较淡的紫、蓝、红、黄等近乎同心排列的光弧，犹如阳光下贝壳闪耀的色带，所以又被称为珠母云。

与一般的云相比，珠母云有两个显著特点：第一，它距地面很远，一般的云距离地面的高度不会超过15千米，而珠母云通常出现在20千米以上的高空。第二，珠母云的云体构成特殊。一般的云由水滴、冰晶及其他混合物构成，而珠母云除了包含大量冰晶外，云体内还有不少化合物——科学家认为，这些化合物是人类释放的过量甲烷进入大气层后形成的，如果此时高空中水汽充沛，这些化合物便会与水汽一起形成珠母云。因此珠母云虽然看上去五彩斑斓，美不胜收，但却会破坏臭氧层。

珠母云通常出现在极地区域或高纬度地区。一些摄影师曾在北欧地区捕捉到过它们的身影，彩色的云朵布满天空，看上去仿佛一幅精美绝伦的油画。

珠母云形成之谜

珠母云之所以十分罕见，是因为它太难形成了。气象学家告诉我们，下面三个苛刻的条件缺一不可。

首先，要有充沛的水汽。珠母云通常在20千米以上的平流层中出现，平流层内大气异常干燥，一般很难形成云，只有当水汽充沛时，才有可能形成。

其次，气温要低于−80 ℃。只有气温足够低，大气中的化合物才能变成微粒，为云的形成提供凝结核。这个条件只有地球的南北极和高纬度地区才有可能实现。

再次，气温要快速下降。只有在短时间内温度降到−80 ℃以下，水汽才会迅速附着在凝结核的表面，形成小冰晶。这些小冰晶密密地挤在一起，才能形成光彩夺目的珠母云。

气象学家解释，珠母云之所以看上去比较亮，一是因为在高纬度地区，由于极昼现象，从晚春一直到初秋，太阳都不会远离地平线；二是因为珠母云所处的高度很高，在当地日落后很长一段时间内，仍然能够被太阳光照射到。也就是说，珠母云绚丽夺目的色彩，是冰晶衍射太阳光形成的。

气象学家还解释，珠母云一般只出现在高纬度地区，但近年来它们

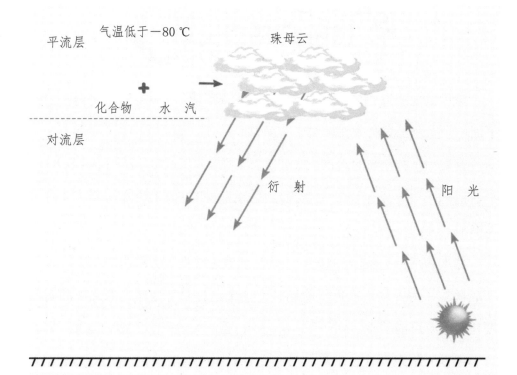

珠母云形成原理示意图

在中纬度地区也时有出现，这从某种程度上说明，人类排放到高空中的甲烷日益增多。因此，我们必须重视和加强环境保护，减少甲烷等温室气体的排放，减轻温室气体对大气的污染！

流光溢彩的彩虹云

晴朗湛蓝的天空中，飘浮着一块五彩缤纷的云团，看上去仿若彩虹一般，与周围白色的云朵形成鲜明的对比，令人感到十分惊奇。

这块类似彩虹的云是怎么形成的？

西湖上空现彩云

2019年8月8日，浙江省杭州市的西湖景区，游人如织，热闹非凡。

这天的天气十分晴朗，天空湛蓝，一碧如洗。在火辣辣的阳光照射下，地面像着了火一般。尽管天气炎热，但游客们兴致勃勃，玩得十分高兴。

午后，天上的云渐渐多了起来，它们有的像羽毛飘在天空，有的像鱼鳞整齐地排列，有的像棉絮悬浮空中。慢慢地，越来越多的云遮挡住太阳，地面上凉快了不少。游客们的兴致更加高涨了，一些人坐上游船，悠闲地在湖面上游玩，尽情享受西湖的美丽风光。

"快看，那朵云是怎么回事？"忽然，有个游客指着头顶上的天空，惊讶地叫起来。

大家顺着他手指的方向望去，不由吃了一惊：天空中有一团相对独立的云团，它上部微微隆起，边沿比较整齐，好似一顶大草帽，又仿佛一只大碟子。更不可思议的是，这团云五彩缤纷，十分艳丽，它的上部是鲜艳的大红色，如一团熊熊燃烧的火焰，下部却是橙、黄、绿、青、蓝、紫各种颜色。在四周洁白云朵的衬托下，这团彩云看上去美轮美奂，格外醒目，又给人一种说不出的神秘和诡异感觉。

彩虹云

杭州市民们也发现了这朵与众不同的彩云，纷纷拿出手机拍照。很快，彩云的照片被发到网上，引起了广泛的关注。

原来是彩虹云

人们对这团彩云议论纷纷，有人戏称，这是电影《大话西游》中的至尊宝来了。有人居然认为是"菩萨显灵"，还有人认为这是将要发生地震的征兆。

气象学家经过"诊断"，终于揭开了这朵彩云的身世之谜。原来，它是自然界中的一种大气光学现象——日华，由于云上呈现出了彩虹的色彩，因此也被称为彩虹云。

日华现象

日华是阳光照射云中的水滴或小冰晶时，发生光的衍射后，形成的一种自然现象。

所谓光的衍射，是指光在传播过程中，遇到障碍物或孔隙时，偏离直线传播路径而绕到障碍物后面传播或产生明暗相间条纹的现象。

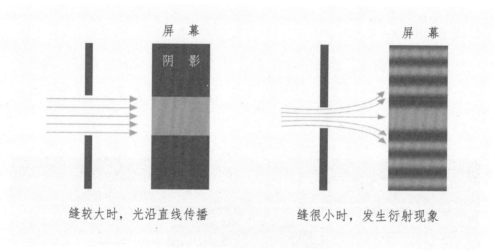

光的衍射示意图

在日常生活中，我们经常可以看到光的衍射现象，比如拿一根羽毛放在眼睛和灯光之间，透过羽毛的缝隙看灯光，可以看到灯光的周围有彩色光环，这就是光线经过极细的羽毛缝隙时发生了衍射。

气象学家指出，在天空出现的半透明薄云里面，有许多飘浮的六棱柱状冰晶体，它们偶尔会整整齐齐地垂直排列在空中，当太阳光照射在这一根根紧密排列的六棱形冰柱上时，由于缝隙极细，所以会发生光的衍射，从而形成日华。

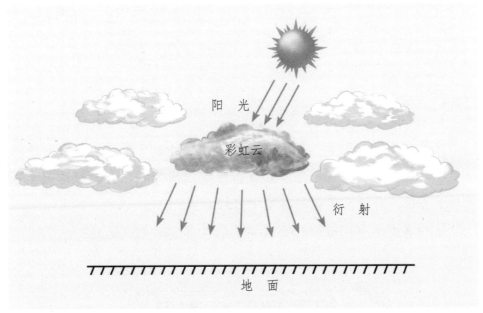

阳 光

彩虹云

衍 射

地 面

彩虹云形成原理示意图

日华一般内圈偏紫，外圈偏红。华的大小、清晰程度跟云的结构有关。云层较厚时，衍射光线不容易通过，华就不容易产生；云层较薄的时候，人们比较容易看到华。如果云里水滴、冰晶的大小比较一致，华的环状就比较完整，而如果水滴、冰晶大小不一致，华的环状便不规则，有的部分甚至看不出来。

旖旎多姿的幡状云

大自然中有一种云，飘忽不定，旖旎（yǐ nǐ）多姿，它有时像连接天地的巨型蘑菇，有时像水母在天空中慢慢飘浮，有时像魔爪垂直悬挂于头顶，有时又像花儿在空中轻轻摇曳。

这种善变多姿的云叫什么名字？它又是怎么形成的呢？

连接天地的巨型蘑菇

2019 年 6 月 19 日中午，云南省腾冲市的高黎贡山上空，厚厚的灰白色云层铺满了天空，大山如泼了墨一般阴暗模糊，山脚下的寨子却显得更清晰，所有的迹象均显示，一场暴风雨即将来临！

正当人们惴惴不安时，天上的云像河水一般倾倒下来，尽情倾泻在山上。这些下垂的云薄而透明，像青纱帐将天和地连为一体，远远看去，天地间仿佛生长着一棵巨大无比的蘑菇，整个景象令人叹为观止。"巨型蘑菇"持续了大约一分钟，"河水"便停止了下泻，连接天地的"轻纱"逐渐淡去，云状又恢复了之前的模样，此时远山一片朦胧，如梦似幻。

巨型蘑菇状的幡状云

无独有偶，2019年7月31日，湖北省武汉市上空也出现了类似的景象：这天傍晚，天空中出现了一朵巨大的乌云，很快电闪雷鸣，大雨如注。不一会儿，云底缓缓垂下一片云缕，形成天地相连的雨幕奇观，看上去好似天空中出现了一个"天眼"，又仿佛天空塌了一个大洞，整个景象十分魔幻。

当地不少市民看到这一奇观后，纷纷拍下照片，有人打趣说这是神仙在渡劫，也有人说像龙卷风。

幡状云的前世今身

据气象学家分析，云南省腾冲市和湖北省武汉市上空出现的这种奇异的云，属于同一种，即幡状云。

幡状云是自然界的一个奇观，它还有另一个名字——雨幡。

雨幡是什么呢？一般是指雨滴在下落过程中，受干燥空气中下沉气流和扩散主流的影响，不断蒸发、消失，从而在云底形成的一种丝缕条纹状的悬垂物。因为悬在云层下面的悬垂物随风飘荡，看上去好似旗幡，所以得名雨幡。雨幡还有一个"姐妹"——雪幡。与雨幡形成的原理一样，雪幡是雪花在下落过程中不断蒸发、消失后形成的，不同的是，雨幡多在积雨云、雨层云、高积云和层积云下出现，而雪幡多在卷云下出现。

不难看出，幡状云其实是一种空中降水现象，它的形成需要恰到好处的环境条件：首先，空中要有降雨云层，云层一遮，雨很快便下了起来；其次，雨点不能太大，如果雨点太大，就会径直落到地上，而不会在空中被蒸发掉；再次，近地面层的空气必须炎热干燥，还有不同方向的气流，只有这样，从高空降下的雨才会在落地前被蒸发掉。此外，幡状云在形成过程中，如果遇到大风，就会被吹成弯曲状，只有无风或风很小时，才会呈现垂直下落的形式。

有趣的是，幡状云不只是地球的专利，人类在其他行星上，比如木

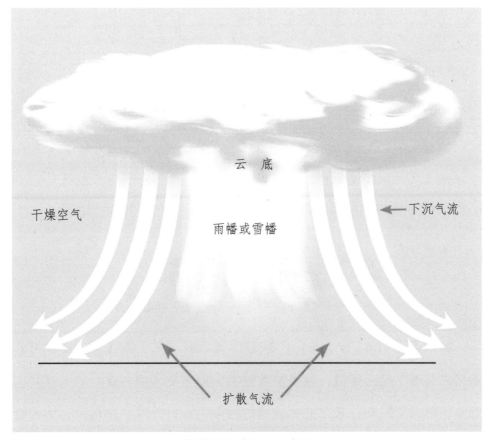

云　底

干燥空气

下沉气流

雨幡或雪幡

扩散气流

幡状云形成原理示意图

星和金星上都发现了它们的存在。

气象学家指出，高温干燥的地区若出现了幡状云，它在蒸发降温的过程中会形成一些低温气团，这些气团在空气中下沉时，会对经过此处的飞机产生危害，所以飞行中的飞机应尽量避开幡状云。

揭开阴阳云的奥秘

空中惊现一条分界线，将天幕划分为两部分，一半湛蓝无云，阳光朗照，另一半云层簇拥，暗淡无光。

这种奇特的现象是怎么形成的？它预兆着什么样的天气呢？

天空出现怪象

2018年1月11日上午，广东省广州市的刘女士像往常一样，挎着菜篮去买菜。走出家门，她习惯性地抬头望了望天空。这一望不打紧，她一下瞪大了眼睛：天空被一条横过天际的云带分成了两部分，仿佛被人用刀平整地切开了一般，一边是湛蓝的天空，没有一丝云彩，太阳像个耀眼的玉盘挂在空中，而另一边则铺着厚厚的白云，遮挡住了明晃晃的阳光，看上去有些暗淡。整个天空泾渭分明，好似海边浴场，一边是蓝蓝的海水，另一边是雪白的细沙。

刘女士赶紧掏出手机，将天空中的景象拍下来发到了微信朋友圈。与此同时，广东省佛山市、东莞市、江门市、肇庆市等多地的网友也拍到了类似的怪象。

揭开阴阳云的奥秘

广州上空的阴阳云

不一般的阴阳云

　　经过气象学家的辨认和解释，市民们终于知道了天空中的这种怪现象其实是一种叫作阴阳云的自然现象。

　　阴阳云，是指天空被齐齐分成了蓝天和白云两部分，好像云层被人用刀平整地切开一样的自然现象。

　　大部分阴阳云是透光高积云，但有一些阴阳云是高空飘来的积雨云，它们形成了整齐划一的边缘，使天空呈现出一半晴空万里、一半白云密

布的奇异景象。还有一些阴阳云出现在城市的上空，像高高耸立的大山，给人一种神秘和惊悚的感觉。

由于阴阳云景象奇特，所以它的出现往往引起人们的关注和热议。有人认为这是坏天气的征兆，还有人认为它是预兆地震的"地震云"。

气象学家指出，阴阳云属于一种正常的天气现象，与地震没有关联，至于它所预兆的天气，则要分两种情形：由透光高积云构成的阴阳云，一般预

阴阳云

示着晴冷干燥的天气；由积雨云构成的阴阳云，则预兆着天气可能转坏，未来会有雷阵雨发生。

阴阳云虽然罕见，但在全世界许多地方都被观测到过。有趣的是，乘坐飞机时在高空中也能看到阴阳云。

阴阳云形成的原因

那么，阴阳云是如何形成的呢？

气象学家解释说，阴阳云的成因是，中高空存在不同方向、不同水汽含量的两种气流，当它们相遇时，就如同两股势力相互争斗，最终将天空一分为二，并形成一道神奇的边界线。

就拿广州出现的阴阳云来说吧。从 1 月 10 日晚上开始，一股自北向南而来的冷空气入侵广州，在它的强势推进下，盘踞在广州的暖湿空气抵挡不住，只能节节后退。1 月 11 日上午，广州的一半天空被干冷的空气占据，由于又干又冷，所以天空万里无云，呈现出晴朗的湛蓝色，而冷空气前部尚有一部分残余暖湿空气在苦苦抵抗，它们受冷空气挤压，抬升形成了一层白色的云幕，这就是市民们看到的透光高积云。

气象学家指出，冷暖空气交锋呈胶着状态的时候很少，所以这种一半蓝天一半白云的景象十分少见。随着暖湿空气的退却，天空将完全被干冷空气控制而出现晴好少云的天气。

　　至于积雨云形成的阴阳云，一般是降雨系统入侵造成的，即积雨云在一个区域生成后，大规模侵入另一个区域，它们占据半边天空，从而造成一半是晴空，一半是乌云的奇特景象。

揭开"龙云"神秘面纱

　　澄净碧蓝的天幕上，陡然出现了一片又细又长的怪云，它的一端隐没于地平线，另一端蜿蜒伸向天际。这片怪云云体亮丽，绵延不绝，宛如长龙腾空而起，令人啧啧称奇。

　　这种形如长龙的云是怎么形成的呢？咱们一起去了解了解吧。

天上出现奇特的怪云

　　2019年12月7日傍晚，北京的天空晴朗，碧蓝如洗。市民李先生完成一天的工作后，不紧不慢地朝地铁站的方向走去。公司不远处就是地铁站，他坐上地铁后，习惯性地掏出手机，打开微信，发现有同事给他发了一条消息：快看，天上有片怪云！

　　同事还配上了一张怪云的照片，李先生扫了一眼，以为是同事搞的恶作剧，因为刚才他走进地铁站前，天上空旷寂寥，连一片碎云都看不到。

　　可是很快，微信朋友圈里发怪云照片的人越来越多，而且地铁上的人们也开始议论起来。李先生坐不住了，他在下一站下了车，匆匆走出地铁站，抬头往天上一看，果然有一片奇特的云：它的一端十分细长，

从地平线处一圈一圈向上盘旋，呈多个"之"字状升向天空，像九曲十八弯的黄河河道；云体的另一端相对较宽，也比较舒缓，但在横过头顶上空时，忽然来了个180度大转弯，之后昂然向上飞升，云迹隐没于万里长空。

"这片怪云好像一条长龙哟！"旁边有人轻声说。李先生仔细一看，可不，从整体来看，怪云确实像一条长龙在空中飞舞，龙头、龙爪、龙须栩栩如生，活灵活现。

形如长龙的云

不可思议的是，这片怪云不但长得像龙，而且色彩明亮，颜色金黄，特别是龙尾和龙头部分十分亮丽，在傍晚越来越浓厚的暮霭中显得十分醒目。李先生赶紧拿出手机，一口气拍了10多张照片，并传到了微信朋友圈。这时他发现朋友圈已经被怪云刷屏了，大家发的图片几乎一模一样，不仅北京的同事在发，天津、河北的朋友也在晒图，大家都有一个共同的疑问：这片像龙的怪云到底是怎么回事？它是怎么形成的呢？

飞机成怀疑对象

有人认为，这片怪云很可能是飞机云。

飞机云又叫作航空云、凝结尾，是一种由飞机引擎排出的浓缩水蒸气形成的可见尾迹。飞机云形成的情况有两种：一种是喷气式飞机在相当冷的高空中飞行，尾部喷出炙热水蒸气，与冷空气激烈交锋，当空气中的水汽含量较大时，冷而湿的气体就会迅速饱和而凝结成云带；另一种是飞机在水汽接近饱和的空气中飞行，螺旋桨和机翼顶端的空气在巨大的旋转力和推动力作用下，因压缩而绝热冷却，从而凝结形成云带。

气象学家指出，飞机云一般出现在8千米以上的天空中。在傍晚或夜间，地平线下的太阳无法照射到它们，因此看到它的概率较小，再加上飞机云与飞机的航迹基本一致，大多呈一条直线，不应该像"龙云"这样杂乱无章，所以可以排除飞机云的可能性。

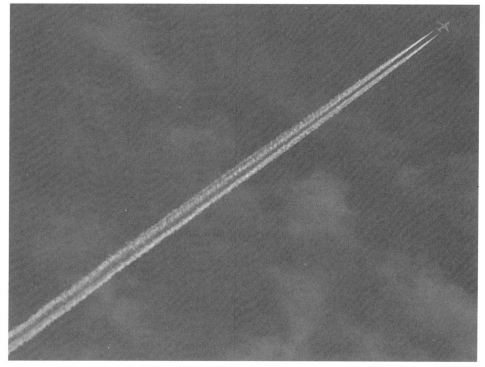

飞机云

　　经过多方调查，真相很快大白于天下："龙云"是火箭升空后形成的尾迹云。

　　原来，2019 年 12 月 7 日傍晚 16 时 52 分，山西太原卫星发射中心发射了一枚运载火箭，火箭升空后留下的尾迹被太阳余晖照亮，由于尾迹形成的云体高度极高，所以京津冀地区许多地方的人们都看到了"龙云"。

揭开"龙云"神秘面纱

气象学家指出，火箭飞行速度极快，会迅速穿越对流层，进入平流层和较高的中间层。火箭尾迹中含有大量化学分子颗粒，遇到高空中的水蒸气凝结形成云，但是，地面观看者距离它非常远，白天的光线相对充足，所以很难在白天看到。而接近日出或日落时，天空偏暗，此时太

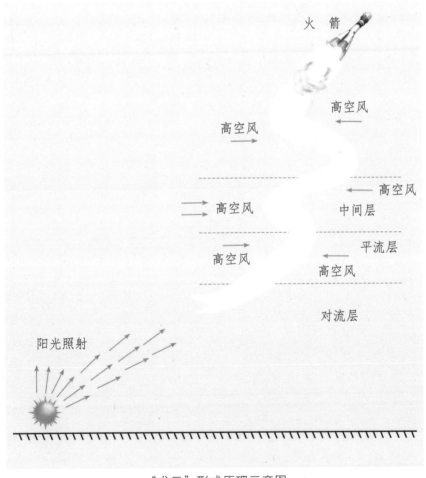

"龙云"形成原理示意图

阳虽然在地平线以下,但由于火箭尾迹云很高,阳光仍然能够照射到它们,这样尾迹云与暗色的天空就形成了比较明显的对比,所以一般在早晨或傍晚,人们才能清晰地看到火箭的尾迹云。

专家还指出,运载火箭升空后,会快速穿过对流层、平流层和中间层,由于各层的风向比较复杂,再加上高空中的风力比较大,所以往往会导致火箭尾迹云被吹成"九曲十八弯",从而呈现出长龙飞天的壮美景象。

揭开云霞兆天之谜

天上多姿多彩的云和天气变化有着千丝万缕的联系，可谓是天公"变脸"的招牌。

下面，咱们去看看两种可以预报天气的云吧。

云霞和天气的变化

在早晨日出和傍晚日落前后的天边，时常会出现五彩缤纷的云朵。它们看起来都五彩斑斓，但也有一定的区别。早晨出现的彩霞被称为朝霞，云体巨大且色彩淡，天空呈现出一种淡雅的玫瑰色；傍晚出现的彩霞被称为晚霞，又名火烧云，色彩红艳，形状多变，云体较小。

我国古代很早就有"朝霞不出门，晚霞行千里""朝霞雨淋淋，晚霞烧死人""早霞不过午，晚霞一场空"等谚语。这些谚语里的"霞"，即指早晚出现在天空的五彩缤纷的云霞。同为云霞，为什么早上和晚上出现的云霞预兆的天气截然不同呢？

气象学家解释，早晨出现颜色鲜艳的朝霞，表明大气中的水汽和尘埃等物质很多,在太阳光线的折射下,这些水汽和尘埃呈现出鲜艳的颜色。朝霞预示着降雨云层已从西面源源不断地侵入。因为在我国大部分地区,降雨云系和天气系统一般都是自西向东入侵,所以出现朝霞,预示着天气将要转阴,并且很可能会下起雨来。

朝　霞

　　不同颜色的朝霞所预示的天气也有显著差别。在太阳露出地平线以前,天空出现粉红色朝霞,说明当时天空中多为卷层云或密卷云、毛卷云,预示着将会有连绵不绝的阴雨天气出现;太阳升起后,天空出现绛紫色朝霞,说明当时天空中多为块状的低云,预示着将会有雷雨天气的发生。

那么，晚霞带来的为什么是晴好天气呢？专家指出，如果傍晚的天空出现了金黄色的云霞，一般说明西方已经没有云层了，空气中的水汽和杂质也相对较少，所以阳光才能无遮无挡地把天边的云彩染红。因此，晚霞一般预兆的是晴好天气。

晚　霞

此外，民间还流传有一句谚语"朝霞暮霞，无水煮茶"，这又是什么意思呢？在早晨和傍晚，天空有时还会出现一种褐红色的霞，这种霞与前文中的云霞有着本质的区别，它一般是在连续晴天的时候出现。专

家解释，这种霞的出现，说明空气中的水汽含量很少，尘埃、盐类等杂质却较多，太阳光线穿过大气层时，短波光大多被吸收，其他颜色的光即使不被吸收，也会因反射而改变方向，只有波长最长的红光能突出重围，从而映红一部分或大部分天空，因此，这种条件下形成的霞，往往预兆的不是雨天，而是大艳阳天。

奇妙的"望夫云"

天上的云形状各异，每一种云的形成，往往都预兆着一种天气现象的出现，其中最令人称奇的，是一种名为"望夫云"的地形云。

在云南省大理市洱海旁的苍山顶上，每到冬春季节常会出现一片灰黑色的云，人们将这片云称为望夫云。这种云只要一出现，洱海一带就会狂风大作。大风卷起洱海的浪花，一片一片地摔打在湖岸边，直到洱海水底一块骡子形状的巨石显露出来，大风才会渐渐减弱，直至完全平息。

为什么会出现这种奇异的天气现象呢？

当地白族人民中流传着一个美丽动人的故事。古时候，有一个公主与一个猎人倾心相爱了，但他们的爱情遭到了国王的反对，残暴的国王命人将猎人绑上大石，沉入洱海之中。猎人死后变成了石骡子，公主也悲愤而逝，死后化作了苍山上的望夫云。每年的冬春季节，望夫云常常出现在苍山顶上，遥望洱海，利用大风传递自己绵绵不绝的思念和情意。

揭开云霞兆天之谜

苍山上出现的望夫云

传说当然不可信。

气象学家经过实地调研后，对这种现象做出了科学、合理的解释。其实，望夫云是季风和当地特殊地形相互作用的产物。望夫云的出现与下关风息息相关。下关地处洱海和西洱河交汇处的河谷地带，为风口，一年四季风吹不停，冬春为风季，吹西风，夏秋风稍小，吹西南风。冬春季节盛行的西风沿河谷将水汽吹到苍山上，在山顶凝结成了望夫云。

这种云在很多地方都有出现，如四川省汉源县的清溪地区，每当大

风刮起之时，清溪地区的泥巴山的山顶都会出现一条狭长的云带，这条云带的成因与望夫云十分相似，都是由于水汽被大风的气流裹挟到山顶后凝结而成的。

揭开月虹之谜

　　天上的彩虹艳丽多姿，它们一般都是在雨后天晴的时候出现，但有一些虹，却是在夜深人静时偷偷出现在天空中，这种现象被气象学家称为月虹。

　　月虹有哪些神秘之处，它是怎么形成的呢？

月　虹

奇异的月虹

月虹，顾名思义，是在月光下出现的彩虹，又叫黑夜彩虹、黑虹。我国对月虹现象早有记载，其中《魏书》上记载得最为详细："世宗正始四年十一月丙子，月晕……东有白虹长二丈许，西有白虹长一匹，北有虹长一丈余，外赤内青黄，虹北有背……"这里所说的"虹北有背"，是指在虹的外侧还有色彩较淡的副虹。

古今中外，关于月虹的观测记录比比皆是。

1987年6月7日子夜时分，人们在新疆乌苏县（现为乌苏市）的上空，看到了令人惊叹不已的月虹。当时乌苏县的一半天空为黑云所笼罩，雷声隆隆，闪电不断从云缝中闪烁而出。而另一半的天空中，明亮的月亮挂在天幕上，静静地照耀着大地。在这种奇异的天空景象下，一道乳黄色的月虹悄悄出现了，像一座美丽的桥挂在天上，一头连着黑云的云底，另一头悬在晴空中。在月光和闪电的映衬下，这条虹十分美丽，它那被月光照耀的部分色彩十分鲜艳，而在黑云下的部分则颜色较淡。月虹持续了10多分钟后，随着黑云逐渐占领整个天空而消失了。

2017年冬季的一天，英国苏格兰地区一座偏僻的小岛上空，出现了北极光点缀"双月虹"的罕见景象。当天晚上，小岛上的夜空中出现了壮观的双月虹，它的后面是绿色的北极光，彩虹和北极光交相辉映，整

夜空中的双月虹

个景象如梦似幻，令人惊叹。

月虹是如何形成的呢？

其实，月虹是一种罕见的大气光学现象。月虹的形成原理，与日虹基本相同。

日虹是雨后初晴，天空中还飘浮着大量水滴时，阳光照射到水滴上，经过折射、内反射、再折射后形成的。而在明月当空的夜间，如果大气

中有适当的水滴，明亮的月光照射到这些大量悬浮的小水滴上时，也会因折射和反射出现虹的奇景。因为月光是太阳光的反射光，也是由红、橙、黄、绿、蓝、靛、紫七种可见光组成的，所以月虹光色的排列次序和日虹一样，只是月光比日光弱得多，因而月虹比日虹暗淡。多数月虹呈现白色，难以被人们发现，能分辨出色彩的月虹极为罕见。

一般来说，出现月虹必须满足三个条件：第一，月亮的位置很低；第二，月亮对面的天空非常暗；第三，与月亮相对的方向要下雨。当月亮折射的光足够亮，就可以看到美丽的月虹了。

在观测月虹时，人们容易将它与另一种天气现象混淆，那就是月晕。月晕是月光透过高空卷层云时，受冰晶折射作用形成的围绕月亮的光环或光弧。月晕的出现，往往预示着天气将有一定的变化。一般日晕预示下雨的可能性大，而月晕多预示着要刮风。

神奇的日月同辉

太阳出现在白天，月亮出现在夜晚，这是人所共知的规律。然而，有时候太阳和月亮会同时出现在一方蓝天下。

这种奇特的自然现象你见过吗？日月同辉又预示着怎样的天气变化呢？

日月同辉

太阳和月亮同时出现

　　2018 年初夏的一天傍晚，四川省雅安市上空出现了罕见的奇观：小半个略显苍白的月亮挂在天空，看上去轮廓分明，十分清晰；而在西边，太阳即将落下，放射出耀眼的光芒。日月同辉，相互映衬，持续数分钟后，随着太阳落下，这一奇异景观才终于结束。

　　日月同辉景观，在大山上空尤为清晰和美丽，因为山区空气质量好，能见度更佳，太阳和月亮看上去更令人赏心悦目。

梅里雪山的日月同辉

神奇的日月同辉

梅里雪山位于云南和西藏的交界处，这座雪山常年云雾笼罩，太阳光只能在少数天晴的清晨照射在雪山顶上，形成绝美的"日照金山"美景。有时月亮尚未落山，太阳便已经升起，便形成了难得一见的日月同辉奇观。

为什么会出现日月同辉的现象呢？

传说太阳神的小儿子名叫刺日，他爱上了月神的女儿暗月，经过一番热烈地追求，暗月答应了刺日的求婚，两人生活在一起，琴瑟合鸣，过得十分幸福。

不过，人间的恋人们总是抱怨对方不够爱自己，他们相互指责，有的甚至大打出手，这使得人间充满了怨气。刺日和暗月看在眼里，急在心头，为了减少人间的怨气，他们决定违反天神定下的戒律，一同出现在天空，用恩爱来告诉凡间的人们：你们不是不相爱，而是对彼此的爱从没停息过！

凡间的人们受到感动，终于懂得了爱的真谛，而天神也认可了刺日和暗月的行为，不但没有惩罚他们，而且允许他们不定期地同时出现在天空中，用以告诫凡间那些相爱的人们。

日月同辉的成因

传说归传说，其实，日月同辉是一种正常的现象。

因为月球围绕地球转动的同时，地球又带着它一起围绕太阳转动，当三者所处的位置刚好合适时，月亮和太阳就会在天空中同时出现。

理论上除了每月的农历十五外，都能看到日月同辉，而这种现象的出现，一定发生在白天，因为夜晚不会有太阳出现，但白天如果阳光强烈，天空晴朗，我们很难见到靠反射太阳光发亮的月亮，当然也就不会看到

日月同辉现象示意图

114

日月同辉了，所以，太阳和月亮同时出现，一般是在阳光不很强烈的清晨或者傍晚——当然，在晴朗而又云量适中的天气里，如果云彩能部分遮挡阳光而不遮挡月亮的话，我们也能看到日月同辉现象。

奇妙的海市蜃楼

平静的海面或沙漠上空，突然出现高大的楼台、城郭或树木，它们看上去是如此真实，却看得到、摸不到，这就是人们常说的一种幻景——海市蜃楼。

海市蜃楼，是太阳光跟人类的眼睛玩的一种有趣的游戏。下面，咱们一起去领略这种有趣的现象吧。

海市蜃楼的故事

从前，有一个商队骑着骆驼穿越大沙漠。几天后，他们在沙漠里迷了路，此时天气酷热，大伙又累又乏，而更加难以忍受的是干渴，因为皮袋里的水已经喝完了，每个人的嘴唇都干得裂开了。

"快看那里！"忽然，有人指着左前方惊喜地叫起来。

大伙顺着他手指的方向看去，只见不远处的沙地上，凭空出现了一个碧波荡漾的湖泊，湖两岸房舍整齐，树林郁葱，俨然一方充满生机的绿洲。

大伙兴奋不已，加快速度向那里奔去。然而，翻过一个又一个沙丘，

走了老半天，湖泊、房舍和树林依然遥不可及。没多久，它们竟然一下子消失得无影无踪。

这个故事中的湖泊、房舍和树林，便是海市蜃楼幻景。

海市蜃楼是一种什么样的现象呢？

海市蜃楼的本质是一种反常的光学现象。一般出现在沙漠和海洋上。在无风或者风特别小的时候，由于近地的大气层中出现了强烈的逆温差，

沙漠上出现的海市蜃楼现象——水面

117

致使空气的上部和下部密度不同，在太阳光的照射下，地面上的物体经过一系列的反射和折射，其影像就会出现在天空中。

古今中外，海市蜃楼现象可谓屡见不鲜，而且在同一地点会重复出现。

海市蜃楼是如何形成的呢？

折射使人看到的鱼的位置发生了偏差

奇妙的海市蜃楼

　　海市蜃楼，是一种因为光的折射和全反射而形成的自然现象。先来说说折射，当光从一种透明介质斜射入另一种透明介质时，传播方向一般会发生变化，这就如同我们看水里的鱼一样，当光线从空气进入水中时，由于折射，人的眼睛看到的鱼的位置，与其真实位置总有一定的差距。

　　海市蜃楼的形成，与水中鱼的位置偏离原理差不多。不过，海市蜃楼是冷热两种不同的空气介质造成的。热空气密度小，折射率低，而冷空气密度大，折射率也高。当光线穿过这两种不同的空气时，物体反射进入人眼的位置就发生了偏离，于是便出现了海市蜃楼的幻象。

　　海市蜃楼经常出现在海上和沙漠地区，这是因为这两种地形上方的空气更容易分层。沙漠地区，在太阳的照射下，沙地迅速升温，近地面的空气较热，而远地面的空气相对较冷，这样光线容易发生折射形成海

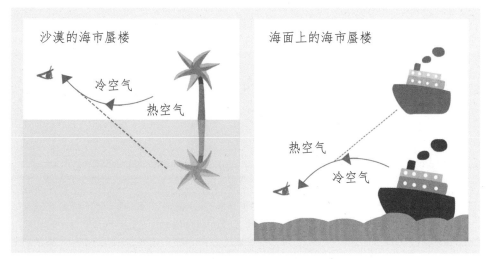

海市蜃楼形成原理示意图

市蜃楼。海面上恰好相反，阳光照射下的海水升温慢，而上层空气升温快，于是海面上形成了下冷上热的空气层，同样光线也会容易发生折射形成海市蜃楼。

气象学家指出，当光线穿过折射率大的空气层的顶部时，在晴朗、无风或微风的气象条件下，更容易形成全反射，从而产生海市蜃楼奇观。

海市蜃楼会使人们很难辨别远处的物体，因而在沙漠中遇到海市蜃楼，很容易迷路。不过，此时你只要站到高一点儿的地方，稍稍调整一下观望的高度，海市蜃楼现象就会立即消失，或者其外观和高度会发生改变。

日晕奇观兆风雨

　　日晕又叫圆虹，也就是人们常说的"太阳戴帽"，即在太阳的周围，有一层云形成圆圈，将太阳围在中央。

　　日晕出现，往往预示着雷雨天气的来临。而它每一次出现，也总会引起人们的好奇和猜测。

日　晕

美丽的日晕奇观

日晕现象在我国很多地方都出现过。

2017 年 6 月的一天中午，四川省成都市的街头忽然出现一阵骚动。

"快看，太阳周围有一道光环！"大家纷纷抬头向天空望去，果然发现，耀眼的太阳周围出现了一圈巨大的光环。彩色的光环轮廓清晰，像一条巨型项链，令人啧啧称奇。

日晕与地震

尽管日晕十分美丽，但如果在特殊的时间和地点出现，往往会引起人们的恐慌和不安。

2008 年 6 月 2 日中午，四川省青川县的上空出现了一个巨大的圆环，将太阳严严实实地围了起来。圆环最里面是一片灰色，往外依次是红色、浅绿色和白色，这一奇观持续了一个多小时，引得无数人仰天观望。人们议论纷纷，有人说，这辈子从没见过这么大的日晕，也有人说，会不会又要有事情发生。

由于不久前的 5 月 12 日汶川发生了大地震，人们对地震心有余悸，因此看到天空出现圆环，便与地震联系了起来。一时间，人心惶惶，谣

言四起。后来经过专家的解释，人们才打消了心中的疑惑。

日晕是如何形成的呢？

传说在上古时候，天上有十个太阳，它们同时出现在天空，把大地烤焦了，庄稼烤干了，人们热得喘不过气来。怪禽猛兽也都从干涸的江湖和火焰似的森林里跑出来残害人类。

人间的灾难惊动了天上的神仙，天帝命令善于射箭的后羿到人间，拯救人类于苦难。后羿带着天帝赐给他的弓箭，开始了射日的战斗。他箭无虚发，一箭一个，接连射掉了九个太阳，最后只剩下了一个。不过，一个太阳的光焰也很强烈，还是让人无法忍受。为了遮挡一下阳光，后羿将自己戴过的草帽向天上掷去，太阳戴上帽子后，光焰变得柔和下来，大地上的人们从此过上了安居乐业的生活。

日晕的形成当然不是因为太阳戴上了后羿的草帽，日晕其实是一种大气光学现象，它的形成与一种叫作卷层云的高云有关。卷层云由微小的冰晶组成，这些小冰晶相当于一个个微小的三棱镜，太阳光经过它们的折射，就会形成彩色的光带。当卷层云密布天空时，就将彩色的光折射到人们的眼里，于是我们便看到了太阳周围一个内红外紫的晕环。

日晕的出现往往预兆着风雨即将来临。

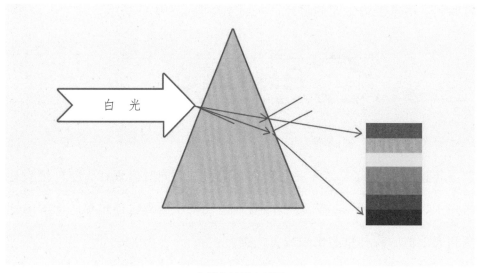

光的折射原理图

这是由于蕴含冰晶的高云通常是雷雨天气入侵的先锋，一般在日晕出现后 10 多个小时内，风雨就会到来，所以日晕的出现，往往预兆着天气会转坏。民谣有"日晕三更雨，月晕午时风"之说。不过，并不是每次出现日晕后，必定刮风下雨，还应根据云的发展情况去分析判断。